U0364563

溧阳
木本植物

WOODY PLANTS IN LIYANG

王坚强　张光富　编著

南京师范大学出版社
NANJING NORMAL UNIVERSITY PRESS

图书在版编目（CIP）数据

溧阳木本植物 / 王坚强，张光富编著 . —— 南京：
南京师范大学出版社，2019.8
ISBN 978-7-5651-4246-8

Ⅰ . ①溧… Ⅱ . ①王… ②张… Ⅲ . ①木本植物—植
物志—溧阳 Ⅳ . ① S717.253.4

中国版本图书馆 CIP 数据核字 (2019) 第 122117 号

书　名	溧阳木本植物
编　著	王坚强　张光富
策划编辑	郑海燕
责任编辑	向　磊
出版发行	南京师范大学出版社
地　址	江苏省南京市玄武区后宰门西村9号（邮编：210016）
电　话	（025）83598919（总编办）　83598412（营销部）　83373872（邮购部）
网　址	http://press.njnu.edu.cn
电子信箱	nspzbb@njnu.edu.cn
印　刷	江苏扬中印刷有限公司
开　本	787毫米×960毫米　1/16
印　张	18
字　数	304千
版　次	2019年8月第1版　2019年8月第1次印刷
书　号	ISBN 978-7-5651-4246-8
定　价	98.00元

出　版　人　彭志斌

　　木本植物（woody plant）是指茎和根明显木质化的一类植物，通常也统称为树或树木。依据形态的不同，木本植物分为乔木（主干明显，高度一般5 m以上）、灌木（主干不明显，高度一般5 m以下）和亚灌木（多年生，近基部木质化）三类。树木具有非常高的生态、社会经济和文化价值。树木是森林生态系统最重要的组分，它至少为一半的陆地生物提供了栖息地。同时以木本植物为主体的森林占地球生物圈总初级生产力的75%，占地球植物生物量的80%，包含了世界陆地碳储量的约50%。森林不仅是人类的宝贵资源与财富，也是人类文明的摇篮和经济社会健康发展的重要保障。除了提供人类木材、纤维、燃料、食品和药品等以外，树木和森林生态系统还为人类提供了广泛的生态服务功能，如防风固沙、涵养水源、调节气候、减少污染、改善生态环境等。

　　根据国际植物园保护联盟（BGCI）统计，全世界树木的种类为60 065种。通过对20 000种树木的评估，发现其中有9600余种树木处于濒危状态，300多种为极度濒危种（少于50个个体）。我国有树木11 405种，约17%以上属于濒危种。由于农业、采矿、城市和工业发展而导致的过度砍伐、生境破坏、森林火灾等，往往导致不少树木在野外濒临灭绝。

　　溧阳市地处长江三角洲南部，位于苏、浙、皖三省交界处，与江苏省的宜兴市、句容市、金坛区、溧水区、高淳区，安徽省的郎溪县、广德县等地接壤。市域面积1535 km²，总人口约80万。多年来，溧阳一直位居全国经济百强县前列。溧阳处于天目山与茅山山脉的延伸地带，境内三面环山，地形复杂，海拔在200至500 m之间。这里属亚热带季风气候，四季分明、温暖湿润、雨量充沛、无霜期长。地带性植被为常绿、落叶阔叶混交林。由于人多地少、耕作历史悠久，溧阳市原生植被基本被破坏殆尽，现状植被主要为次生林以及人工林。根据2015年《溧阳市生物物种资源调查成果报告》，全市木本被子植物有65科163属348种。

溧阳市境内不仅地形地貌多样，而且森林旅游资源丰富。多样的生境条件，孕育了极为丰富的生物多样性，如近年来在南山竹海发现的国家级珍稀树种银缕梅、香果树等。景观树种陆续地引种栽培，如南方红豆杉、黄玉兰、八角金盘等，也极大地丰富了该区的木本植物种类。然而迄今为止，该区的木本植物一直缺乏系统的调查和分析。溧阳市林业站和南京师范大学自2014年初组织技术力量，参照《江苏省林木种质资源清查技术标准》对全市范围内野生和栽培的木本植物（含木质藤本）进行全面清查。经过为期三年的集中外业调查，以及最近两年的补充调查，现已基本摸清溧阳市的木本植物种类、数量、地理分布以及保护利用情况。为了普及树木分类知识，提高林业技术人员的植物野外识别能力，迫切需要一本介绍常见树种、图文并茂、易于初学者学习的地方性木本植物图书。

本书共有三个部分，分为珍稀木本植物、常见野生林木和主要栽培树种。编者从所调查的溧阳市267种木本植物中，遴选出具有代表性的227种植物，对每种的中文名称、拉丁学名、英文名称、主要别名、分类地位、形态特征、地理分布、树种特性以及用途等做了逐一介绍。树种形态主要包括生活型、茎/枝、叶、花、果等；形态描述部分不拘泥于国家级或地方性植物志的详尽记载，侧重物种的主要识别特征，并且对每种的关键识别特征予以标注。中文名称和主要俗名主要依据《中国植物志》、*Flora of China*、《江苏植物志》以及地方性名称等；英文名称主要参考《新编拉汉英植物名称》。裸子植物采用郑万钧分类系统；被子植物采用哈钦松分类系统，以便与《中国树木志》一致。地理分布包括每种植物在溧阳的分布地点或生境类型、在省内和国内的分布，以及在世界其他地区的分布情况。树种特性包括喜光性，对气候、土壤等立地条件的要求，对干旱、寒冷、水涝、盐碱、林火、大气污染等的抗逆性等。用途主要包括材用、药用、食用、栽培绿化以及观赏等方面。附注则主要记述近缘种、形似种、保护级别、分类位置变动、植物名称由来等相关内容。此外，附录包括溧阳市木本植物名录和主要参考文献。

本书为江苏省第一本县域木本植物图鉴。每个树种均附有野外彩色照片，每种植物均有野外实地调查记录。每个树种的名称、形态、分布及用途介绍，主要基于野外调查并参考新近文献，以确保记述的科学性和准确性，同时力求文字简洁、通俗易懂。因此，本书适合林业调查、种苗培育、资源管理、保护区管理的专业技术人员，也可供园林绿化、环境保护、科研教学工作者和植物爱好者学习使用。

由于编者水平有限，时间仓促，书中的缺点或错误在所难免，恳请读者批评指正。

编者

2019年1月

目　录
Contents

第3章　主要栽培树种

第1章
珍稀木本植物

银 杏

拉丁学名	*Ginkgo biloba* Linn.
英文名称	Maiden-hair tree, Ginkgo
主要别名	白果、公孙树、白果树、鸭脚子、鸭掌树
科　　属	银杏科（Ginkgoaceae）银杏属（*Ginkgo*）

[形态特征]

落叶乔木，高达30 m。树皮灰褐色，纵裂。枝近轮生，斜上伸展（雌株的大枝常较雄株开展），短枝密被叶痕，黑灰色。冬芽黄褐色，常为卵圆形，先端钝尖。叶片扇形，有多数叉状并列细脉，顶端宽5~8 cm，在短枝上常具波状缺刻，在长枝上常2裂，基部宽楔形。叶在一年生长枝上螺旋状散生，在短枝上呈簇

图1-1　银杏的种子

生状，秋季落叶前变为黄色。球花雌雄异株，单性，生于短枝叶腋。雄球花柔荑花序状，下垂，具短梗；雌球花具长梗，顶端生两个直立胚珠。种子核果状，椭圆形或近圆球形，长2.5~3.5 cm，直径约2 cm。外种皮肉质，熟时橙黄色，外被白粉，有臭味；中种皮白色，骨质，具2~3条纵脊；内种皮膜质，淡红褐色。花期3~4月，种子9~10月成熟。

[分布]

在溧阳市的戴埠镇、溧城镇、天目湖镇等地有栽培，最大1株胸径达133 cm；全省各县（市、区）普遍栽培，泰兴、如皋、海安等地栽培较为集中；野生状态

的银杏仅产于浙江（天目山）、湖北（神农架）、重庆（金佛山）等地，但其栽培区甚广。

[特性]

阳性树种，幼树稍耐阴；喜温凉湿润气候；深根系树种，抗风、耐火、萌芽力强、寿命长。

[用途]

叶形奇特，树姿优美，可作庭园树及行道树；材质优良，为珍贵材用树种；种子供食用及药用。

[附注]

我国特有的中生代孑遗树种，有"活化石"之称。野生植株被列为国家I级重点保护植物。

图 1-2　银杏的植株（夏季植株）　　图 1-3　银杏的植株（秋季植株）

金钱松

拉丁学名	*Pseudolarix amabilis*（Nelson）Rehd.
英文名称	Lovely Golden Larch, Chinese Golden Larch
主要别名	金松、金树、落叶松、金叶松
科　　属	松科（Pinaceae）金钱松属（*Pseudolarix*）

[形态特征]

落叶乔木，高达40 m。树皮灰褐色，裂成不规则鳞片状。枝分长枝和短枝；一年生长枝淡红褐色或淡红黄色，无毛，有光泽，二、三年生枝淡黄灰色或淡褐灰色，矩状短枝生长极慢，有密集成环节状的叶枕。叶片条形，柔软，长2~5.5 cm，宽1.5~4 mm，先端锐尖或尖，上面绿色，中脉微明显，下面蓝绿色，中脉明显。

图2-1 金钱松的雄花序与球果（右上图）

长枝之叶辐射伸展，短枝之叶簇状密生，平展成圆盘形，秋后叶呈金黄色。花单
性，雌雄同株；雄球花黄色，圆柱状，下垂；雌球花紫红色，椭圆形，直立。球
果卵形，直立，长6~7.5 cm，直径4~5 cm，当年成熟，成熟前黄绿色，熟时淡红
褐色。种子卵圆形，白色，长约6 mm，种翅三角状披针形，淡褐黄色，连同种子
与种鳞近等长。花期4~5月，球果11月上旬成熟。

图2-2 金钱松的枝叶

[分布]

见于溧阳市戴埠镇的
深溪岕、南渚山区；产于
江苏南部山区；分布于浙
江、安徽、福建、江西、
湖南、湖北利川至四川万
县交界地区，我国多地有
栽培。

[特性]

阳性树种，幼树稍耐

阴；生长较快；喜生于温暖湿润、土层深厚、排水良好的酸性土壤中。

[用途]

树姿优美，秋后叶呈金黄色，为世界著名的五大庭院观赏树种之一；优良材用树种，木材供建筑、家具等用；根皮可药用，也可作造纸原料。

[附注]

我国特有单种属珍贵用材树种；古老孑遗植物。野生植株被列为国家II级重点保护植物。

水 杉

拉丁学名	*Metasequoia glyptostroboides* Hu et Cheng
英文名称	Dawn Redwood, Shui-hsa, Water Fir
主要别名	活化石、梳子杉、水松、水杪
科　　属	杉科（Taxodiaceae）水杉属（*Metasequoia*）

[形态特征]

落叶乔木，高达35 m。树干基部膨大，树皮灰色或灰褐色，浅裂成长条状脱落，内皮淡紫褐色。枝斜展，大枝不规则轮生，小枝下垂，对生或近对生，一年生枝光滑无毛，幼时绿色，后渐变成淡褐色，二、三年生枝褐灰色。侧生小枝排成羽状。冬芽卵形，顶端钝，芽鳞交互对生。叶片条形，长0.8~3.5 cm，宽1~2.5 mm，扁平，淡绿色，表面中脉凹，背面隆起，每边4~8条气孔线。叶交互对生，基部扭转而排成2列，冬季与枝一同脱落。花单性，雌雄同株，单生叶腋。球果下垂，近四棱状球形，成熟前绿色，熟时深褐色，长1.8~2.5 cm，直径1.6~2.5 cm，梗长2~4 cm；种鳞木质，盾形，交叉对

图3-1　水杉的枝叶与球果

图3-2 水杉的植株（水杉的树干）

图3-3 水杉的植株（水杉的秋叶）

生，顶部宽，中央有一条横槽，基部楔形。种子扁平，倒卵形，周围有翅，先端有凹缺。花期3月，球果10月成熟。

[分布]

溧阳市境内广泛栽培；江苏全省平原、丘陵山区均有引种；仅产于重庆石柱县，湖北利川市磨刀溪、水杉坝一带及湖南西北部龙山、桑植等地；我国各地普遍引种栽培。

[特性]

阳性树种，不耐阴；喜温暖湿润气候，耐寒，不耐旱；对土壤要求不严，但喜深厚、肥沃和湿润的酸性土壤；根系发达，抗风力强，生长迅速。

[用途]

树干通直，叶色翠绿，秋叶绯红，为优良的庭院绿化及观赏树种；木材可供建筑、家具及木纤维工业原料等用，是优良的造林树种。

[附注]

我国特有的珍贵树种，"活化石"植物。野生植株被列为国家I级重点保护植物。

南方红豆杉

拉丁学名	*Taxus wallichiana* var. *mairei*（Lemée et H. Lév.）L. K. Fu et Nan Li
英文名称	Maire Yew
主要别名	红叶水杉、美丽红豆杉、赤椎
科　　属	红豆杉科（Taxaceae）红豆杉属（*Taxus*）

[形态特征]

常绿乔木，高达20 m。树皮淡灰色，纵裂成长条薄片。大枝开展，小枝不规则互生，一年生枝绿色或淡黄绿色，秋季变成绿黄色或淡红褐色，二、三年生枝黄褐色、淡红褐色或灰褐色。冬芽黄褐色、淡褐色或红褐色，有光泽，芽鳞三角状卵形，背部无脊或有纵脊，脱落或少数宿存于小枝的基部。叶2列，近镰刀形，长1~3 cm，宽2~4 mm，上部渐窄，先端渐尖，上面深绿色，下面淡黄绿色，有两条气孔带，中脉带上有密生均匀而微小的圆形角质乳头状突起点，常与气孔带同色，稀色较浅。雄球花淡黄色，有6~14盾状雄蕊；雌球花基部有数枚鳞片，顶部有1珠鳞，着生1个直立胚珠。花期3~4月，种子卵形或倒卵形，着生于红色、肉质、杯状的假种皮中，种子11月成熟。

图 4-1　南方红豆杉的种子

[分布]

溧阳市境内有少量栽培；

图 4-2　南方红豆杉的枝叶

江苏全省多地有栽培；分布于秦岭以南各省区，东至台湾，西南至云南，在印度北部、老挝、缅甸和越南也有分布。

[特性]

　　中性偏阴性树种，幼树极耐阴；喜凉爽湿润气候，耐寒性强；生长较缓慢，寿命长；能吸收CO、SO_2和CH_2O（甲醛）等物质，有净化空气的作用。

[用途]

　　古老子遗植物；珍贵材用和园林绿化树种；种子可榨油。

[附注]

　　《中国植物志》及多个地方植物志记载，本种为我国特有树种。最近研究发现，本种也分布于国外。野生植株被列为国家I级重点保护植物。

香　樟

拉丁学名	*Cinnamomum camphora*（Linn.）Presl.
英文名称	Camphor tree, Camphor wood
主要别名	乌樟、芳樟、樟木子、臭樟、独脚樟
科　　属	樟科（Lauraceae）樟属（*Cinnamomum*）

图5-1　香樟的枝叶

[形态特征]

　　常绿大乔木，高可达30 m。树皮黄褐色，有不规则的纵裂。枝叶揉碎具樟油香气；枝条圆柱形，淡褐色，无毛。叶片互生，卵状椭圆形，长6~12 cm，宽2.6~5.5 cm，先端急尖，基部宽楔形至近圆形，边缘全缘，软骨质，有时呈微波状，上面绿色，有光泽，下面灰绿色，晦暗，两面无毛或下面幼时略被微柔毛，具离基三出脉，近叶基的第一或第二对侧脉长而显著，背面微被白粉，脉腋有腺点；叶柄纤细，长2~3 cm，腹凹背凸，无毛。圆锥花序腋生，花被片6，花绿白或带黄色，长约3 mm。浆果近球形，直径6~8 mm，熟时紫黑色。种子1颗，无胚乳。花期4~5月，果期8~11月。

[分布]

见于溧阳市山坡、平原及村落附近；产于江苏苏州；广泛分布于我国长江以南及西南各省区，越南、日本、朝鲜也有分布。世界许多国家或地区有引种或栽培。

[特性]

中性偏阳性树种；喜温暖湿润气候，耐寒性较强；适宜于土层深厚、肥沃、排水良好的中性或酸性土壤；根系深，萌生性强，生长快，寿命长；对SO_2、O_3和烟尘等抗性较强。

图5-2 香樟的植株与果实（果实成熟时变紫色）

[用途]

树形美观，枝叶繁茂，为优良的园林观赏和绿化树种；材质优良，为山地造林树种；木材及根、枝、叶可提取樟脑和樟油，可供医药及香料工业用。

[附注]

由于香樟的种子萌发率高，果实易于被乌鸫（*Turdus merula*）等鸟类取食而传播，因此香樟常有逸生，往往与栽培植株难以区分。野生植株被列为国家II级重点保护植物。

银缕梅

拉丁学名	*Parrotia subaequalis*（H. T. Chang）R. M. Hao et H. T. Wei
英文名称	Chinese iron-tree
主要别名	小叶金缕梅、小叶银缕梅、单氏木
科　属	金缕梅科（Hamamelidaceae）银缕梅属（*Parrotia*）

图 6-1　银缕梅的花（示花丝银白色）

图 6-2　银缕梅的蒴果

[形态特征]

落叶小乔木，高达15 m。树皮灰褐色，片状剥落，光滑，新皮灰白色。幼枝暗褐色，初被星状毛，后脱落。单叶互生，叶片薄革质，倒卵形，长4~7.5 cm，宽2~4.5 cm，先端渐尖或钝尖，基部稍不对称，边缘中上部有4~6个波状钝齿，下部全缘，侧脉4~5对，直达齿端，脉腋具簇毛。短穗状花序生于侧枝顶端或腋生，有花3~7朵，无花瓣，先叶开放。苞片卵形至条形，边缘簇生硬毛，外面密被锈褐色毡毛。最下部1~2朵为雄花，雄蕊5~15，花丝极短；花序上部多为两性花，萼筒短，萼裂片卵形，被长毛；花丝丝状，黄绿色，盛花期常下垂，长15~18 mm，花药红色，药隔先端伸长；柱头2，基部合生，先端不规则卷曲，基部密生棕色长毛，子房被星状毛。蒴果木质，近球形，2裂，密被星状毛。种子狭纺锤形，长6~7 mm，褐色，有光泽，种脐淡黄色。花期3~4月，果期9~10月。

[分布]

见于溧阳市戴埠镇南山竹海的锅底山，常生于沟谷或山坡的落叶阔叶林中；产于江苏宜兴、溧阳；分布于安徽（金寨县、绩溪县、舒城县）、浙江（余姚市、安吉县）和河南（商城县）等地。

[特性]

喜光，耐旱，耐瘠薄；喜凉爽湿润气候；适生于深厚肥沃、排水良好的酸性土壤；萌蘖性强。

[用途]

树干挺直，材质坚硬；树干苍劲，树皮斑驳，枝繁叶茂，秋季叶色绯红，为优良的盆景材料或庭园绿化观赏树种。

[附注]

中国特有树种。野生植株被列为国家I级重点保护植物。

青　檀

拉丁学名	*Pteroceltis tatarinowii* Maxim.
英文名称	Whing-hackberry
主要别名	檀树、青檀树、檀皮、檀皮树、翼朴、摇钱树
科　　属	榆科（Ulmaceae）青檀属（*Pteroceltis*）

[形态特征]

落叶乔木，高达16 m。树皮淡灰色，不规则的长片状剥落；小枝黄绿色，干时栗褐色，疏被短柔毛，后渐脱落，皮孔明显，椭圆形或近圆形；冬芽卵形。单叶互生，叶片纸质，宽卵形至长卵形，长3~10 cm，宽2~5 cm，先端渐尖至尾状渐尖，基部不对称，边缘有不整齐的锯齿，近基部全缘，基部三出脉，侧出的一对近直伸达叶的上部，侧脉4~6对，叶表面粗糙，无毛，叶背淡绿，被短柔毛。花单性同株，雄花簇生，花被5裂，雄蕊5，药顶有毛；雌花单生于当年生枝的叶腋，花被裂片披针形，有疏毛，花柱2。小坚果有翅，近圆形或方形，宽10~17 mm，翅木质化。种子胚弯曲，子叶旋卷。花期3~5月，果期7~8月。

[分布]

见于溧阳市戴埠镇山区、沟边和村落附近；产于江苏省南部山区；分布于黄河及长江流域，南至华南及西南地区。

[特性]

阳性树种，稍耐阴；耐寒、耐旱、耐水湿；喜石灰质和钙质土壤；深根系，抗风力强，寿命长。

图7-1　青檀的叶（三出脉）与果实（有翅）

雄花1~3朵簇生于叶腋，雌花或两性花常单生于小枝上部叶腋。核果上部歪斜，直径2.5~4 mm，几无柄。花期3~4月，果期9~11月。

[分布]

见于戴埠镇、溧城镇、天目湖镇的山区、沟边及村庄附近，最大1株胸径达171 cm；产于江苏全省各地，生于低山丘陵、林缘、溪边及平原四旁；分布于淮河流域、长江中下游及其以南地区。

[特性]

阳性树种，稍耐阴；喜温暖湿润气候，对土壤适应性强；耐寒、耐水湿；耐烟滞尘，对SO_2、Cl_2等抗性强；深根系，侧根发达，生长快，抗风力强。

[用途]

树体雄伟、树干通直、冠大荫浓，为园林观赏和绿化的优良树种；木材致密坚硬、纹理美观、耐腐力强，为优良珍贵材用树种；树皮纤维可制人造棉和绳索。

[附注]

中国特有树种。野生植株被列为国家II级重点保护植物。

图 8-2　榉树的树干（示树皮片状剥落）

图 8-3　榉树的植株

香果树

拉丁学名	*Emmenopterys henryi* Oliv.
英文名称	Henry Emmenopterys
主要别名	香果茶、野枇杷
科　　属	茜草科（Rubiaceae）香果树属（*Emmenopterys*）

图 9-1　香果树的聚伞花序

图 9-2　香果树的小枝（有皮孔）与叶（叶柄为红色）

图 9-3　香果树的植株

[形态特征]

　　落叶乔木，高达30 m。小枝有皮孔。叶对生，有柄，宽椭圆形至宽卵形，长达20 cm，全缘，托叶大，三角状卵形，早落。聚伞花序排成顶生大型圆锥花序状；花大，黄色，有短梗；花萼小，5裂，裂片三角状卵形，脱落，但一些花的萼裂片中的1片扩大成叶状，色白而宿存于果上；花冠漏斗状，被茸毛，顶端5裂，裂片覆瓦状排列。蒴果近纺锤状，长3~5 cm，有纵棱，成熟时红色，室间开裂为2果瓣；种子多，细小而具宽翅。花期7~8月，果期9~11月。

[分布]

　　见于溧阳市戴埠镇的深溪岕、桃树岕和

龙潭林场的阔叶林中；产于江苏南部山区；分布于我国西南、长江流域和秦岭地区。

[特性]

弱阳性树种，稍喜光，幼树耐庇荫；适宜于相对湿度大的沟谷两侧、山坡中下部的土层深厚、肥沃的酸性或微酸性土壤，也适生于石灰土；速生树种，萌蘖性强。

[用途]

树干高耸，花朵美丽，可作庭园观赏树种；枝皮纤维可制蜡纸和人造棉；木材纹理直、结构细，可供制家具和建筑用。

[附注]

我国特有单种属珍稀树种。野生植株被列为国家II级重点保护植物。

短穗竹

拉丁学名	*Semiarundinaria densiflora*（Rendle）T. H. Wen
英文名称	Short-spikelet Bamboo
主要别名	苦竹
科　　属	禾本科（Graminae）业平竹属（*Semiarundinaria*）

[形态特征]

灌木状竹类。地下茎为散生型。秆高1~3 m，粗约1 cm，新竹有细毛，老时脱落，上部每节有3，少为5开展的分枝，小枝有叶2~5片，秆环隆起。箨鞘早落，淡黄色，无斑点或有白色与紫色纵条，有糙毛，边缘有紫色纤毛；箨耳显著，紫色或绿色，箨叶绿色，叶鞘长2.5~4 cm，鞘口有繸毛。叶片披针形，长5~18 cm，宽10~25 mm，顶端急缩成尾状的部分常容易干枯，叶表面深绿色，无毛，背面灰绿色，有微毛，次脉4~8对。穗形总状花序，1~3枚生于叶枝下部节上，含小穗

图 10-1　短穗竹的叶

图 10-2　短穗竹的地下茎

2~5枚，基部有一组逐渐增大的紫色苞片，小穗含5~7朵花，长15~25 mm。颖果。笋期4~5月。

[分布]

见于溧阳市境内低海拔的平原、向阳山坡以及路旁；产于苏南向阳山坡、路旁及山顶；分布于安徽、浙江、江西、湖北、广东等省。

[特性]

阳性竹种，较为耐阴；耐寒、耐旱、耐瘠薄；对土壤适应性强。

[用途]

秆可做伞柄、钓鱼竿，也可劈篾编织家庭用具；株形低矮铺散，适宜在堤岸、林缘、路旁和荒坡成片或成丛栽植；笋味苦，不可食用。

[附注]

我国特有种。《江苏植物志》（上册）将本种归入短穗竹属（*Brachystachyum*），现已并入业平竹属（*Semiarundinaria*）。

图 10-3　短穗竹的植株

第2章
常见野生林木

马尾松

拉丁学名	*Pinus massoniana* Lamb.
英文名称	Masson Pine
主要别名	本松、松树、松花、松黄、青松、山松、柴松、枞树
科　　属	松科（Pinaceae）松属（*Pinus*）

[形态特征]

常绿乔木，高达40 m。树皮红褐色，下部灰褐色，裂成不规则的鳞状块片。一年生枝淡黄褐色，无白粉，无毛。冬芽卵状圆柱形，褐色。针叶2针一束，稀3针一束，长12~20 cm，细柔；树脂道约4~8个，边生；叶鞘宿存。雄球花淡红褐色，圆柱形，弯垂，穗状，长6~15 cm；雌球花单生或2~4个聚生于新枝近顶端，淡紫红色。球果长卵圆形，长4~7 cm，熟时栗褐色；鳞盾菱形，微隆起或平，微有横脊；鳞脐微凹，无刺尖。种子长卵圆形，长4~6 mm，连翅长2~2.7 cm；子叶5~8。花期4~5月，球果翌年9月下旬~10月成熟。

图11　马尾松的植株与球果（右下图）

[分布]

见于溧阳市的南部山区；产于南京、镇江、苏州等苏南山区；分布于江苏、安徽、河南、陕西、甘肃、四川、贵州、江西、福建、广东、广西、台湾等省区。我国多地有栽培。

[特性]

强阳性树种，不耐庇荫；喜温暖湿润气候和酸性土壤，耐干旱、瘠薄，忌水湿；深根系，主根明显，侧根发达，抗风力强，生长较迅速。

[用途]

长江流域以南重要的荒山造林及绿化树种；木材优良，供建筑、家具及木纤维工业原料等用；树干可割取松脂，针叶可提取芳香油，花粉可制保健品。

[附注]

中国特有树种。

杉　木

拉丁学名	*Cunninghamia lanceolata*（Lamb.）Hook.
英文名称	Chinese Fir
主要别名	杉、杉树、槎树、沙木、刺杉
科　　属	杉科（Taxodiaceae）杉木属（*Cunninghamia*）

图 12　杉木的叶与球果

[形态特征]

常绿乔木，高达30 m。树皮灰褐色。叶片披针形，革质，有细锯齿，上下两面均有气孔带；侧枝的叶片扭转排成2列，长2~6 cm，先端渐尖，坚硬，表面绿色，有光泽。花单性，雌雄同株，雄球花圆锥状，长0.5~1.5 cm，有短梗，通常多个簇生枝顶；雌球花单生或2~4个集生，绿色，长宽几相等，约3.5~4 mm。球果下垂，卵圆形，长2.5~5 cm；苞鳞革质，顶端尖，边缘有不规则细锯齿，不脱落；种鳞小，每种鳞有3种子。种子扁平，长卵形或矩圆形，暗褐色，有光泽，两侧边缘有窄翅，长7~8 mm。花期3~4月，球果10月下旬成熟。

[分布]

见于溧阳市的南部山区；产于苏南句容、溧阳、宜兴的山地；分布于我国长江流域及秦岭以南地区，越南和老挝也有分布。我国华东、华中和华南等地广泛栽培。

[特性]

弱阳性速生树种，较耐阴，萌生性强；喜温凉湿润气候，耐寒性强；宜深厚、肥沃、排水良好的酸性砂质壤土，忌积水、干旱和盐碱土；深根系，侧根发达，寿命较长。

[用途]

材质优良，为长江以南温暖地区最重要的速生用材树种；主干通直，树冠整齐，四季葱绿，为重要的绿化观赏树种。

[附注]

在我国东部常生长于海拔700 m以下的山坡林中。

刺　柏

拉丁学名	*Juniperus formosana* Hayata
英文名称	Taiwan Juniper
主要别名	刺松、山刺柏、矮柏木、柏树
科　　属	柏科（Cupressaceae）刺柏属（*Juniperus*）

[形态特征]

常绿乔木或灌木。树皮褐色，纵裂成长条薄片脱落。枝条斜展或直伸，小枝下垂，三棱形。3叶轮生，条状披针形，长1.2~2 cm，宽1.2~2 mm，先端锐尖，表面平凹，中脉微绿色而隆起，两侧各有1条白色气孔带，气孔带较绿色边带稍

图 13　刺柏的叶

宽，叶背深绿色而有光泽，具纵钝脊。雄球花圆球形，有雄蕊约5对，交互对生；雌球花近圆球形，珠鳞3，轮生。球果近球形，肉质，直径6~10 mm，熟后淡红褐色，顶端稍开裂。种子常3粒，半球形，近基部具3~4棱脊。花期4~5月，球果9~10月成熟。

[分布]

见于溧阳市戴埠镇山区；产于南京、宜兴、溧阳、南通、无锡、苏州、连云港；分布于甘肃、青海、陕西、安徽、江西、浙江、福建、台湾、湖北、湖南、贵州、云南、西藏、四川等省区。

[特性]

阳性树种；对气候、土壤要求不严，耐寒，耐干旱、瘠薄。

[用途]

木材纹理直，结构细致，有香气，耐水湿，为船底、桥柱、工艺品、文具及家具等用材；小枝下垂，树形美观，可作庭园栽培树种；也可作水土保持的造林树种；球果含脂肪油，木材含树脂，根可药用。

[附注]

中国特有树种。

粗 榧

拉丁学名	*Cephalotaxus sinensis*（Rehd. et Wils.）Li.
英文名称	Chinese Plumyew
主要别名	中国粗榧、中华粗榧杉、粗榧杉、野白果
科　　属	三尖杉科（Cephalotaxaceae）三尖杉属（*Cephalotaxus*）

[形态特征]

常绿灌木或小乔木。树皮灰色或灰褐色，裂成薄片状脱落。叶片条形，排成两列，通常直伸，长2~5 cm，宽约3 mm，基部近圆形，几无柄，上部与下部等宽或微窄，先端通常渐尖或微凸尖，上面深绿色，中脉明显，下面有2条白色气孔带，较绿色边带宽2~4倍。雄球花6~7个聚生成头状，有梗；雌球花数对交互对生，有长梗。种子核果状，次年成熟，全部被包于肉质假种皮内，卵圆形或近球形，微扁，长1.8~2.5 cm，顶端有小尖头。花期4月，种子翌年9月成熟。

[分布]

见于溧阳市戴埠镇山区，生于林缘或林下；产于江苏宜兴、溧阳山区；分布于华中以及陕西、甘肃、安徽、浙江、福建、江西、广西、广东、贵州和四川等省区。

[特性]

阴性树种，喜温暖湿润气候，耐寒性较强；适宜土层深厚、肥沃的土壤，忌干燥瘠薄。

图14　粗榧的叶与果实（右下图）

[用途]

木材坚实，质地轻软，为农具、细木工、工艺等用材；种子含油，可制肥皂、润滑油等；枝叶、根含有多种生物碱，可入药；树形美观，可作盆景或庭院观赏植物。

[附注]

中国特有树种。

南五味子

拉丁学名	*Kadsura longipedunculata* Finet et Gagnep.
英文名称	Longpeduncle Kadsura
主要别名	红木香、紫金藤、冷饭团、长梗南五味子
科　　属	五味子科（Schisandraceae）南五味子属（*Kadsura*）

图 15　南五味子的花

[形态特征]

　　常绿藤本，无毛。叶片革质或近纸质，长圆状披针形或卵状长圆形，长5~13 cm，宽2~6 cm，先端渐尖，基部楔形，边有疏齿，上面具淡褐色透明油腺点，叶柄长1.5~3.0 cm。花单性，异株，单生于叶腋，黄色，芳香；花梗细长，长3~6 cm，花后下垂；花被片8~17；雄蕊多数，雄蕊柱近球形；心皮多数，聚集成球形。聚合果球形，径1.5~3.5 cm，成熟时深红色或暗紫色，外果皮薄革质，干时显出种子。种子2~3颗，肾形或肾状椭圆体形。花期6~7月，果期9~10月。

[分布]

　　见于溧阳市戴埠镇、别桥镇、竹箦镇、上兴镇等山区，常生于林缘或丛林中；产于江苏宜兴、溧阳山区；分布于我国安徽、江苏、浙江、江西、福建、湖北、湖南、广东、广西、四川、云南等省区，日本、韩国和朝鲜也有分布。

[特性]

　　中性偏阳性树种，喜阴湿；适宜温暖湿润的气候和深厚肥沃的酸性土壤。

[用途]

　　鲜果可食；根、茎、叶、种子均可入药；茎、叶、果实可提取芳香油；茎皮可做绳索；叶色浓绿，果实鲜艳，可作庭园、公园垂直绿化树种。

[附注]

本种果实具有酸、甜、苦、辣、咸多种味道，故称"五味子"。

狭叶山胡椒

拉丁学名	*Lindera angustifolia* Cheng
英文名称	Narrow-leaf Spicebush
主要别名	鸡婆子、小鸡条、香叶子树、山苍子
科　　属	樟科（Lauraceae）山胡椒属（*Lindera*）

[形态特征]

落叶灌木或小乔木，高4 m。小枝黄绿色，无毛。冬芽卵形，紫褐色，冬芽鳞片有明显的脊。叶片互生，薄革质，椭圆状披针形或长椭圆形，长可达宽的3倍，长6~14 cm，宽1.5~3.5 cm，上面绿色无毛，下面苍白色，有黄褐色柔毛。伞形花序腋生，无花序梗，有花2~3朵。果实近球形，直径约8 mm，成熟时黑色，果托盘状。种子1颗，无胚乳。花期3~4月，果期9~10月。

[分布]

见于溧阳市戴埠镇、天目湖镇、上兴镇等山坡灌木丛或疏林中；产于江苏南京、盱眙、宜兴、溧阳、句容、无锡、苏州、常熟、连云港等山区；分布于我国山东、浙江、福建、安徽、江苏、江西、河南、陕西、湖北、广东、广西等省区，朝鲜也有分布。

图16　狭叶山胡椒的叶与果实

[特性]

阳性树种，稍耐阴；耐寒，耐旱，耐瘠薄；生长快，萌芽力和萌蘖性较强。

[用途]

种子油可制肥皂及润滑油；叶和果实可提取芳香油，用于配制化妆品及皂用香精；根和茎也可入药，具解毒消肿的功效。

[附注]

本种与山胡椒较为相似，但前者的叶片椭圆状披针形或长椭圆形，长为宽的3倍，花（果）序无总梗；而后者的叶片椭圆形、宽椭圆形，长不超过宽的2倍，花（果）序具总梗。

江浙山胡椒

拉丁学名	*Lindera chienii* Cheng
英文名称	Chien Spicebush
主要别名	江浙钓樟、江浙山胡椒、钱氏钓樟、小叶甘橿
科　　属	樟科（Lauraceae）山胡椒属（*Lindera*）

图17 江浙山胡椒的叶与果实

[形态特征]

落叶灌木或小乔木，高2~5 m。树皮灰色，平滑。枝条通常灰色，有纵条纹，密被白色柔毛，后渐脱落。顶芽长卵形，先端渐尖。叶片互生，倒披针形或倒卵形，长6~10 cm，宽2.5~4.5 cm，先端短尖，基部楔形，纸质，全缘，上面深绿色，下面淡绿色，脉上被白柔毛，网脉明显。伞形花序有花6~12朵，常着生于腋芽两侧，每侧各1，总梗长5~7 mm，被白色微柔毛。果近圆球形，直径10~11 mm，熟时红色，果柄上端较粗。种子1颗，无胚乳。花期3~4月，果期9~10月。

[分布]

见于溧阳市戴埠镇和上兴镇等山坡疏林中；产于盱眙、句容、南京、宜兴、溧阳等地；分布于江苏、浙江、安徽、湖北、河南等省。

[特性]

阳性树种，稍耐阴；耐寒，耐旱，耐瘠薄。

[用途]

叶和果实可提取芳香油；种子含脂肪油，可制肥皂或作机械润滑油。

[附注]

中国特有树种。

红果山胡椒

拉丁学名	*Lindera erythrocarpa* Makino
英文名称	Redfruit Spicebush
主要别名	红果钓樟、铁钉树、红果钩樟、詹糖香
科　　属	樟科（Lauraceae）山胡椒属（*Lindera*）

[形态特征]

落叶灌木或小乔木，高达5 m。树皮灰褐色，小枝有显著凸起的瘤状皮孔。叶片纸质，互生，倒卵状披针形，先端渐尖，基部狭楔形，常下延，长6~14 cm，宽2.5~4.5 cm，纸质，叶背面绿色，有棕黄色柔毛，或仅沿脉有毛，脉红色。伞形花序着生于腋芽两侧，总梗长约0.5 cm，内有花15~17朵，淡黄色，花柄有毛。果实球形，直径7~8 mm，熟时红色，果梗长1.5~1.8 cm，向先端渐增粗至果托，但果托并不明显扩大，直径3~4 mm。花期3~4月，果期7~8月。

图18　红果山胡椒的叶与果实（成熟时红色）

[分布]

见于溧阳市南部山区；产于江苏溧阳、宜兴等地；分布于我国陕西、河南、山东、江苏、安徽、浙江、江西、湖北、湖南、福建、台湾、广东、广西、四川等省区，朝鲜、日本也有分布。

[特性]

阳性树种，对气候、土壤适应性较强，适于酸性、中性和微碱性土壤。

[用途]

种子可榨油，也可提取油脂。

[附注]

本种隶属于山胡椒属（*Lindera*），其果实成熟时为红色，故名。

山胡椒

拉丁学名	*Lindera glauca*（Sieb. et Zucc.）Bl.
英文名称	Greyblue Spicebush, Glaucous Allspice, Kawakami Spice Buch
主要别名	牛筋树、野胡椒、假死柴、白叶钓樟
科　　属	樟科（Lauraceae）山胡椒属（*Lindera*）

图 19　山胡椒的叶与果实

[形态特征]

落叶灌木或小乔木，高达 6 m。树皮平滑，灰白色。小枝黄褐色，有毛。冬芽外部鳞片红色。叶片互生或近对生，近革质，宽椭圆形或倒卵形，长 4~9 cm，宽 2~4 cm，上面暗绿色，下面苍白色，密生细柔毛，具羽状脉，叶柄长约2 mm，冬季叶凋而不落。雌雄异株，伞形花序腋生，总梗短或不明显，有3~8朵花；花梗长1.5 cm；花被片6，黄色，花药2室，都内向瓣裂。果实球形，熟时黑色或紫黑色；果柄有毛，长0.8~1.8 cm。花期3~4月，果期7~8月。

[分布]

见于溧阳市境内低山丘陵，生于山坡灌木丛中；产于徐州、连云港、盱眙、南京、镇江、溧阳、宜兴、常熟等地；分布于我国长江流域及以南各省区，但在海南和云南未发现，越南、朝鲜、日本也有分布。

[特性]

阳性树种，对气候、土壤适应性很强；对SO$_2$抗性强。

[用途]

木材可做家具；叶和果皮可提芳香油；种子含有脂肪油，可做肥皂和润滑油；根、枝、叶入药，有祛风湿、消肿毒之功效。

[附注]

本种为落叶灌木，但其叶在冬季枯而不落，故名"假死柴"。

山 橿

拉丁学名	*Lindera reflexa* Hemsl.
英文名称	Mountain Spicebush
主要别名	钓樟、大叶钓樟、甘橿、野樟树
科　　属	樟科（Lauraceae）山胡椒属（*Lindera*）

[形态特征]

落叶灌木或小乔木，高2~4 m。树皮平滑，棕褐色。小枝黄绿色，常有黑色斑纹，无毛。冬芽长角锥状，芽鳞红色。叶片互生，纸质，卵形或倒卵状椭圆形，长7~13 cm，宽4~6.5 cm，先端渐尖，基部圆或宽楔形，全缘。伞形花序腋生，具短总梗，密生红褐色柔毛，有花3~5朵；花被片有透明油点及柔毛。果实球形，直径约7 mm，熟时红色，果梗无皮孔，长约1.5 cm，被疏柔毛，果柄上部较粗。花期3~4月，果期9~10月。

[分布]

　　见于溧阳市境内低山丘陵，生于山坡林缘；产于溧阳、宜兴等地；分布于我国河南、江苏、安徽、浙江、江西、湖南、湖北、贵州、云南、广西、广东、福建等省区。

[特性]

　　中性树种，对气候、土壤适应性很强。

图 20　山橿的叶与果实（成熟时红色）

[用途]

　　根药用，可止血、消肿、止痛；种子含油，可供制肥皂和润滑油；枝、叶、果可提取芳香油。

[附注]

　　中国特有树种。

红脉钓樟

拉丁学名	*Lindera rubronervia* Gamble
英文名称	Redvein Spicebush
主要别名	庐山乌药、红脉山胡椒、野香叶子树
科　　属	樟科（Lauraceae）山胡椒属（*Lindera*）

[形态特征]

　　落叶灌木，高约3 m。树皮黑灰色，有皮孔。幼枝条灰黑或黑褐色，平滑。冬芽红色。叶片互生，卵状披针形，长4~9 cm，宽2~4.5 cm，纸质，有时近革质，上面深绿色，沿中脉疏被短柔毛，下面淡绿色，被柔毛，全缘，离基三出脉，侧脉3~4对，脉和叶柄秋后均变为红色。伞形花序腋生，通常2个花序着生于叶芽两侧，总梗长约2 mm，有花2~3朵。果实近球形，成熟时紫黑色，直径1 cm，果

梗长1~1.5 cm，熟后弯曲，
果托直径约3 mm。花期3~4
月，果期9~10月。

[分布]

见于溧阳市境内低山丘
陵，生于山坡、山谷灌木林
中；产于南京、句容、溧阳、
宜兴、苏州等地；分布于我国
河南、湖南、湖北、安徽、江
苏、浙江、江西等省。

图21 红脉钓樟的叶与果实

[特性]

弱阳性树种。

[用途]

叶及果皮可提取芳香油；种子可榨油。

[附注]

中国特有树种。

山鸡椒

拉丁学名	*Litsea cubeba*（Lour.）Pers.
英文名称	Mountain Spicy Tree, Fragrant Litse, Aromatic Litsea
主要别名	山苍树、山苍子、山姜子、木姜子、澄茄子
科　　属	樟科（Lauraceae）木姜子属（*Litsea*）

[形态特征]

落叶灌木或小乔木，高达6 m。树皮幼时黄绿色，光滑，老时灰褐色。小枝细瘦，黄绿色，无毛。叶片互生，纸质，有香气，矩圆形或披针形，长4.5~10 cm，宽1.5~3 cm，干后呈黑色，背面带白色。小枝、叶揉碎后有浓郁的芳香气味。花芽球形，有柄，下垂，伞形花序先叶而出，总花梗纤细，有花4~6朵，花小，黄色，花被片6，椭圆形，有油点。果实近球形，芳香，幼时绿色，熟时黑色，果托

图 22　山鸡椒的花（伞形花序）

不显著。花期2~3月，果期8~9月。

[分布]

　　见于溧阳市境内低山丘陵，生于山坡或灌木林中；产于溧阳、宜兴等地；分布于我国长江流域以南各省区，亚洲东部和东南部各国也有分布。

[特性]

　　阳性树种，对气候、土壤适应性较强。

[用途]

　　花、叶和果皮是提制柠檬醛的原料；种子含脂肪油，可制作肥皂；木材材质中等，可供制家具。

[附注]

　　为亚热带山区乱石边坡地区复绿的先锋树种。

紫 楠

拉丁学名	*Phoebe sheareri*（Hemsl.）Gamble
英文名称	Shearer's Phoebe Purple Nan
主要别名	紫金楠、黄心楠、大叶楠、大叶紫楠
科　　属	樟科（Lauraceae）楠属（*Phoebe*）

[形态特征]

常绿乔木，高达20 m。树皮灰色，纵裂。芽、幼枝、叶背面及叶柄密被锈色茸毛。叶片互生，革质，倒卵形、椭圆状倒卵形至倒披针形，长8~22 cm，宽4~8 cm，顶端尾尖，基部楔形，表面叶脉凹下，背面网状脉隆起。圆锥花序生于新枝叶腋，密被锈色茸毛；花被片6，相等，卵形，约长3 mm，两面有毛。核果肉质，卵圆形，长约9 mm；果柄的宿存花被片直立，两面被毛。花期5~6月，果期10~11月。

[分布]

见于溧阳市境内低山丘陵，生于较阴湿的山坡或谷地；产于南京、句容、溧阳、宜兴、苏州等地；分布于我国长江以南及西南地区，中南半岛也有分布。

[特性]

阴性树种，幼树极耐阴；深根系，萌芽力强；喜温暖湿润气候，耐寒、耐旱，适应性较强；对土壤要求不严，适宜疏松、湿润及富含腐殖质的酸性或微酸性土壤，耐水湿。

[用途]

树形端正，树荫浓郁，为优良的园林观赏和绿化树种；木材纹理直，结构细，供建筑、家具等用；根、叶可以提取芳香油；种子可榨油，供工业用。

[附注]

本种与浙江楠（*Phoebe chekiangensis*）的主要区别在于：后者叶较狭窄，叶缘略反卷；宿存花被片紧贴于果实基部。

图23　紫楠的叶与花（圆锥花序）

檫　木

拉丁学名	*Sassafras tzumu*（Hemsl.）Hemsl.
英文名称	Chinese Sassafras, Common Sassafras
主要别名	檫树、青檫、山檫、南树
科　　属	樟科（Lauraceae）檫木属（*Sassafras*）

[形态特征]

落叶乔木，高可达35 m，树干耸直。树皮幼时黄绿色，平滑，老时变灰褐色，呈不规则纵裂。叶片互生，聚集于枝顶，卵形、宽卵形或菱状卵形，长9~18 cm，宽6~10 cm，先端渐尖，基部楔形，全缘上部或2~3浅裂，坚纸质，上面绿色，下面灰绿色，两面无毛或下面尤其是沿脉网疏被短硬毛，离基三出脉，近基部第2或第3对侧脉长而显著，幼叶密被毛，带红色，秋天红黄色。花序顶生，先叶开放，花黄色，有香气。果近球形，直径达8 mm，成熟时蓝黑色而带有白蜡粉，着生于浅杯状的果托上；果梗长1.5~2 cm，上端渐增粗，无毛，与果托呈红色。花期3~4月，果期7~8月。

图24　檫木的叶（离基三出脉）

[分布]

见于溧阳市境内向阳山坡、山谷杂木林中；产于南京、溧阳、宜兴等地；分布于我国浙江、江苏、安徽、江西、福建、广东、广西、湖南、湖北、四川、贵州及云南等省区。

[特性]

阳性树种；深根系，萌芽力强；喜温暖湿润气候，幼树畏霜冻；适于酸性土壤，忌积水。

[用途]

生长迅速，树形美观，江南各地土层深厚的荒山地区可选用造林；木材浅黄色，材质优良，细致，耐久，用于造船、水车及上等家具；果、叶和根可提取芳香油。

[附注]

中国特有树种。

尾叶樱

拉丁学名	*Cerasus dielsiana*（Schneid.）Yü et Li
英文名称	Diels Cherry
主要别名	尾叶樱桃、毛叶樱、尾叶樱花
科　属	蔷薇科（Rosaceae）樱属（*Cerasus*）

[形态特征]

落叶乔木，高达10 m。小枝灰褐色，无毛，嫩枝无毛或密被褐色长柔毛。冬芽卵圆形，无毛。叶片长椭圆形或倒卵状长椭圆形，长6~14 cm，宽2.5~4.5 cm，先端尾状渐尖，基部圆形至宽楔形，叶边有尖锐单齿或重锯齿，齿端有圆钝腺体，叶表面无毛，背面中脉和侧脉密被开展柔毛。花序伞形或近伞形，有花3~6朵，花先叶开放，花瓣白色或粉红色，花瓣顶端深2裂；花柄长1.5~3 cm，有毛；萼筒钟状，有毛，萼片较萼筒长。核果红色，近球形，直径8~9 mm，无沟。种子1粒。花期3~4月，果期5月。

[分布]

见于溧阳市境内向阳山坡、山谷杂木林中；产于溧阳、宜兴等地；分布于我国浙江、江苏、安徽、江西、福建、湖南、湖北、四川、贵州及云南等省。

[特性]

喜光、喜温、喜湿，不耐寒；根系浅，不耐旱，不耐涝；适宜在土质疏松、土层深厚的沙壤土生长。

[用途]

花色优美，可供观赏。

[附注]

中国特有树种。

图25　尾叶樱的叶

野山楂

拉丁学名	*Crataegus cuneata* Sieb. et Zucc.
英文名称	Nippoon Hawthron
主要别名	山里红、楔叶山楂、楂里红、毛楂果
科　　属	蔷薇科（Rosaceae）山楂属（*Crataegus*）

图 26　野山楂

[形态特征]

落叶灌木，高达1.5 m。分枝密，通常具细刺；小枝细弱，圆柱形，有棱，幼时被柔毛；一年生枝紫褐色，无毛；老枝灰褐色，散生长圆形皮孔。叶片宽倒卵形至倒卵状长圆形，长2~6 cm，宽1~4.5 cm，先端急尖，基部楔形，下延连于叶柄，边缘有不规则重锯齿，顶端常有3或稀5~7浅裂片，上面无毛，有光泽，下面具稀疏柔毛，沿叶脉较密，以后脱落；托叶镰刀状，边缘有齿。伞房花序，直径2~2.5 cm，具花3~7朵，花白色，直径约1.5 cm；萼筒钟状，外被长柔毛，萼片三角卵形，约与萼筒等长，全缘或有齿，内外两面均具柔毛。梨果近球形，红色或黄色，常具有宿存萼片或1苞片；小核4~5。花期5~6月，果期9~11月。

[分布]

见于溧阳市境内向阳山坡、山地灌木丛中；产于苏北和苏南各地；分布于我国陕西、河南、安徽、江苏、浙江、湖北、江西、湖南、云南、贵州、广东、广西、福建等省区，日本也有分布。

[特性]

阳性树种；对气候、土壤要求不严，耐干旱、瘠薄。

[用途]

可作观花、观果灌木；果实多肉，可供生食、酿酒或制果酱，入药有健胃、消积化滞之效；嫩叶可以代茶，茎叶煮汁可洗漆疮。

[附注]

本种在溧阳市山区较为常见，果实成熟时时常红色，也称"山里红"。

白鹃梅

拉丁学名	*Exochorda racemosa*（Lindl.）Rehd.
英文名称	Common Pearlbush
主要别名	茧子花、白花花、总花白鹃梅、珍珠菜
科　　属	蔷薇科（Rosaceae）白鹃梅属（*Exochorda*）

[形态特征]

落叶灌木，高达3~5 m。枝条细，无毛，幼时红褐色，老时褐色。叶片椭圆形至长圆倒卵形，长3.5~6.5 cm，宽1.5~3.5 cm，先端圆钝或有突尖，全缘或中部以上有浅钝锯齿，背面带灰白色；托叶线形，小而早落。花白色，直径2~4 cm，有6~10朵花组成总状花序；萼筒浅钟状，无

图27　白鹃梅的总状花序

毛；花瓣倒卵形，基部有短爪，白色；雄蕊15~20，3~4枚1束着生在花盘边缘，与花瓣对生；心皮5，花柱分离。蒴果木质花，倒圆锥形，无毛，棕红色，有5脊，果梗长3~8 mm。花期3~4月，果期7~8月。

[分布]

见于溧阳市境内向阳山坡路旁或灌木丛中；产于南京、句容、宜兴、溧阳和苏州；分布于我国河南、安徽、江西、江苏、浙江等省。

[特性]

阳性树种；对气候、土壤适应性很强；耐寒，耐干旱、瘠薄。

[用途]

花色洁白，可作绿化观赏树种；花蕾和嫩叶可作蔬菜；种子可榨油；根皮和茎皮可入药，有通经止痛的功效。

[附注]

本种幼嫩的总状花序可作野菜食用，花蕾圆形似珍珠，故称为"珍珠菜"。

湖北海棠

拉丁学名	*Malus hupehensis*（Pamp.）Rehd.
英文名称	Hupeh Crabapple
主要别名	野海棠、茶海棠、甜梨
科　　属	蔷薇科（Rosaceae）苹果属（*Malus*）

[形态特征]

乔木，高达8 m。小枝有短柔毛，不久脱落；老枝紫色至紫褐色。叶片卵形至卵状椭圆形，长5~10 cm，宽2.5~4 cm，先端渐尖，基部宽楔形，稀近圆形，边缘有细锐锯齿，嫩时具稀疏短柔毛，不久脱落无毛，常呈紫红色。伞房花序，具花3~7朵，花梗长3~6 cm，无毛或稍有长柔毛；苞片膜质，披针形，早落；花直径3.5~4 cm；萼筒外面无毛或稍有长柔毛；萼片顶端尖，外面无毛，内面有柔毛，略带紫色，与萼筒等长或稍短；花瓣倒卵形，粉白色或近白色；花柱3~5，基部有长茸毛，较雄蕊稍长。梨果近球形，直径约1 cm，黄绿色稍带红晕，萼片脱落。花期4~5月，果期8~9月。

[分布]

见于溧阳市境内山坡、路旁或杂木林中；产于连云港、南京、句容、宜兴、溧阳；分布于我国湖北、湖南、江西、江苏、浙江、安徽、福建、广东、甘

图28　湖北海棠的叶与梨果

肃、陕西、河南、山西、山东、四川、云南和贵州等省。

[特性]

　　阳性树种；对气候、土壤适应性很强。

[用途]

　　嫩叶晒干作茶叶代用品，俗名"花红茶"；春季满树缀以粉白色花朵，秋季结实累累，甚为美丽，可作观赏树种；果实、根可入药，果实可食。

[附注]

　　本种可作苹果、花红的砧木。

细齿稠李

拉丁学名	*Padus obtusata*（Koehne）Yü et Ku
英文名称	Obtuse Bird Cherry
主要别名	桃子木、无毛稠李、西南稠李
科　　属	蔷薇科（Rosaceae）稠李属（*Padus*）

[形态特征]

　　落叶乔木，高达20 m。老枝紫褐色或暗褐色，无毛，有散生浅色皮孔；小枝幼时红褐色，被短柔毛或无毛。叶片椭圆形或倒卵形，长4.5~11 cm，宽2~4.5 cm，先端短渐尖，基部宽楔形、圆形至微心形，边缘有细密锯齿，上面暗绿色，无毛，下面淡绿色，无毛，中脉和侧脉以及网脉均明显突起；叶柄被短柔毛或无毛，上端两侧各具1腺体；托叶线形，边有带腺锯齿，早落。总状花序具多花，长10~15 cm，花序梗有叶；花瓣白色，开展，近圆形或长圆形；雌蕊1，心皮无毛；柱头盘状，花柱比雄蕊稍短。核果卵球

图29　细齿稠李的叶

形，顶端有短尖头，直径6~8 mm，黑色，无毛。花期4~5月，果期6~10月。

[分布]

见于溧阳市境内山坡、沟谷丛林中；产于宜兴、溧阳；分布于我国甘肃、陕西、河南、安徽、浙江、台湾、江西、湖北、湖南、贵州、云南、四川等省。

[特性]

阳性树种，稍耐阴；喜温暖湿润气候，耐寒性较强；对土壤要求不严，适于肥沃、深厚及排水良好的土壤中生长。

[用途]

树形端正，适应性强，可作园林观赏树种；木材可用于制作器具。

[附注]

中国特有树种。

小叶石楠

拉丁学名	*Photinia parvifolia*（Pritz.）Schneid.
英文名称	Littleleaf Photinia
主要别名	小叶石南、牛筋木
科　　属	蔷薇科（Rosaceae）石楠属（*Photinia*）

[形态特征]

落叶灌木，高1~3 m。小枝纤细，红褐色，无毛，散生黄色皮孔。叶片纸质，椭圆形、椭圆卵形或菱状卵形，长4~8 cm，宽1~3.5 cm，先端渐尖或尾尖，基部宽楔形或近圆形，边缘具腺尖锐锯齿，上面光亮，初疏生柔毛，后脱落，下面无毛，侧脉4~6对。伞形花序，有花2~9朵，生于侧枝顶端，无花序梗；花柄长1~3.5 cm，无毛，有皮孔；花白色，直径1~1.5 cm。梨果椭圆形或卵形，长9~12 mm，直径5~7 mm，熟时橘红色或紫色，无毛，有直立宿存萼片，内含2~3颗卵形种子；果梗长1~2.5 cm，密生皮孔。花期4~5月，果期7~8月。

[分布]

见于溧阳市境内山坡灌木丛中；产于南京、宜兴、溧阳等地；分布于我国河南、江苏、安徽、浙江、福建、江西、湖南、湖北、四川、贵州、台湾、广东、广西等省区。

图 7-2　青檀的枝叶（叶背）与果实

[用途]

树皮纤维为制宣纸的主要原料；木材坚硬细致，可供作农具、车轴、家具和建筑用的上等木料；种子可榨油；树形古朴苍劲、枝叶繁茂，可作庭园观赏植物和行道树。

[附注]

中国特有树种。

榉　树

拉丁学名	*Zelkova schneideriana* Hand.-Mazz.
英文名称	Schneider Zelkova
主要别名	大叶榉、光叶榉树、大叶榉树、红珠树、榉、大叶树、红榉树、血榉
科　　属	榆科（Ulmaceae）榉属（*Zelkova*）

[形态特征]

落叶乔木，高达15 m。树皮灰褐色至深灰色，呈不规则的片状剥落。幼枝有白柔毛。冬芽常2个并生，球形或卵状球形。叶片厚纸质，大小形状变异很大，卵形至椭圆状披针形，长3~10 cm，宽1.5~4 cm，先端渐尖、尾状渐尖或锐尖，基部稍偏斜，圆形、宽楔形、稀浅心形，叶面绿，干后深绿至暗褐色，叶表面被糙毛，叶背浅绿，干后变淡绿至紫红色，密被柔毛，边缘具圆齿状锯齿，侧脉8~15对；叶柄粗短，长3~7 mm，被柔毛。

图 8-1　榉树的枝叶与核果

[特性]

阳性树种；喜温暖湿润气候，耐寒性较强；对土壤要求不严，耐干旱、瘠薄，忌积水。

[用途]

根、枝、叶供药用，有活血止痛功效；木材细致，可制木制器具；可作庭园观赏树种。

[附注]

中国特有树种。

图 30　小叶石楠的叶（边缘具腺尖锐锯齿）

杜　梨

拉丁学名	*Pyrus betulifolia* Bunge.
英文名称	Birchleaf Pear
主要别名	棠梨、海棠梨、野棠梨、土梨
科　　属	蔷薇科（Rosaceae）梨属（*Pyrus*）

[形态特征]

落叶乔木，一般高5~8 m。小枝嫩时密被灰白色茸毛，二年生枝条具稀疏茸毛或近于无毛，紫褐色；冬芽卵形，先端渐尖，外被灰白色茸毛。叶片菱状卵形至长圆卵形，长4~8 cm，宽2.5~ 3.5 cm，先端渐尖，基部宽楔形，边缘有尖锐

图 31　杜梨的花（伞形总状花序）

锯齿，老叶上面无毛而有光泽，下面微被茸毛或近于无毛；叶柄长2~3 cm，被灰白色茸毛。伞形总状花序，有花10~15朵；花白色，直径1.5~2 cm；萼片三角状卵形；雄蕊20，花药紫色；花柱2~3，基部微具毛。梨果近球形，直径5~10 mm，褐色，有浅色斑点，萼片脱落。花期4月，果期8~9月。

[分布]

见于溧阳市境内向阳山坡；产于江苏境内低山丘陵的向阳处；分布于我国辽宁、河北、河南、山东、山西、陕西、甘肃、湖北、江苏、安徽、江西等省。

[特性]

阳性树种，稍耐阴；喜温暖气候，耐寒性强；对土壤要求不严，中性及盐碱土均能生长；耐干旱，耐水湿，耐瘠薄；深根系，生长较缓慢，抗病虫害能力强。

[用途]

可作各种栽培梨的砧木；木材致密，可制作各种器物；树皮含鞣质，可提制栲胶并入药；也可作园林绿化树种。

[附注]

中国特有树种。

小果蔷薇

拉丁学名	*Rosa cymosa* Tratt.
英文名称	Smallfruit Rose
主要别名	山木香、细果蔷薇、白残花、蔷薇花
科　　属	蔷薇科（Rosaceae）蔷薇属（*Rosa*）

[形态特征]

落叶或半常绿攀援灌木。小枝圆柱形，无毛或稍有柔毛，有钩状皮刺。复叶具小叶3~5，稀7，卵状披针形或椭圆形，长2.5~6 cm，宽8~25 mm，先端渐尖，基部近圆形，边缘有紧贴或尖锐细锯齿，两面均无毛；托叶膜质，和叶柄分离，线形，早落。花白色，直径2~2.5 cm，伞房花序，再排列成复伞房状，顶生；花梗长约1.5 cm，幼时密被长柔毛，老时逐渐脱落近于无毛；萼片卵形，常有羽状裂片或背面有细刺。果近球形，直径4~7 mm，红色至黑褐色。花期5~6月，果期

7~11月。

[分布]

见于溧阳市境内各地，多生于向阳山坡、路旁、溪边、丘陵或灌木丛中；产于江苏境内各地；分布于我国江西、江苏、浙江、安徽、湖南、四川、云南、贵州、福建、广东、广西、台湾等省区。

图 32　小果蔷薇的叶与花（伞房花序）

[特性]

阳性树种；耐寒、耐旱，对气候、土壤要求不严。

[用途]

根皮含鞣质，可提制栲胶；叶有解毒消肿作用；嫩枝叶可作饲料；也可作园林绿化和蜜源植物。

[附注]

中国特有树种。

金樱子

拉丁学名	*Rosa laevigata* Michx.
英文名称	Cherokee Rose
主要别名	刺梨子、白刺花、糖罐子、白玉带
科　　属	蔷薇科（Rosaceae）蔷薇属（*Rosa*）

[形态特征]

常绿攀援状灌木。小枝粗壮，有钩状皮刺，无毛。复叶有小叶3，稀5，革质，椭圆状卵形或披针状卵形，长2~6 cm，宽1.2~3.5 cm，先端急尖或圆钝，边缘有锐锯齿，两面无毛，背面沿中脉有细刺；小叶柄和叶轴有皮刺和腺毛；托叶披针形，和叶柄分离，早落。花单生叶腋，白色，直径5~7 cm；花柄和萼筒外面

图 33 金樱子的叶与果实（外密被刺毛）

密生细刺。果近球形或倒卵形，长 2~4 cm，紫褐色，外面密被刺毛，果梗长约 3 cm，顶端有长而外反的宿存萼片。花期 4~6 月，果期 7~11 月。

[分布]

见于溧阳市南部山区，喜生于向阳的山野、田边、溪畔灌木丛中；产于江苏南部各地；分布于我国陕西、安徽、江西、江苏、浙江、湖北、湖南、广东、广西、台湾、福建、四川、云南、贵州等省区。

[特性]

阳性树种，喜光；对气候、土壤要求不严，耐干旱、瘠薄。

[用途]

根皮含鞣质，可制栲胶；果实可熬糖及酿酒；叶有解毒消肿作用；可作园林绿化或蜜源植物。

[附注]

中国特有树种。

野蔷薇

拉丁学名	*Rosa multiflora* Thunb.
英文名称	Manyflowered Rose
主要别名	多花蔷薇、蔷薇、刺玫花、野月季
科　　属	蔷薇科（Rosaceae）蔷薇属（*Rosa*）

[形态特征]

落叶攀援状灌木。小枝圆柱形，通常无毛，有皮刺。小叶通常 5~9，倒卵形、长圆形或卵形，长 1.5~5 cm，宽 8~28 mm，先端急尖或圆钝，边缘有尖锐锯齿，上面无毛，下面有柔毛；小叶柄和叶轴有柔毛或无毛，有散生腺毛；托叶，大部和叶柄合生，边缘篦齿状分裂，并有腺毛。花白色，单瓣，芳香，直径2~3 cm，多花，成圆锥状伞房花序，花柄有腺毛和柔毛，花柱结合成束，无毛，比雄蕊稍长。

图34　野蔷薇的叶与花（圆锥状伞房花序）

果近球形，直径6~8 mm，红褐色或紫褐色，有光泽，无毛，萼片脱落。花期5~7月，果期9~10月。

[分布]

见于溧阳市境内各地；产于江苏境内各地；分布于我国华东、华中以及河北、山西、四川、贵州、广东、广西等省区，日本、朝鲜也有分布。

[特性]

阳性树种，稍耐阴；耐寒、耐旱，不耐水湿；对气候、土壤要求不严。

[用途]

根多含鞣质，可提制栲胶；鲜花含有芳香油，可提制香精用于化妆品工业；也可栽培作绿篱、护坡及棚架绿化材料。

[附注]

本种在溧阳市境内较为常见，既有栽培也有野生，伞房花序有花多朵，故称"野蔷薇"或"多花蔷薇"。

掌叶覆盆子

拉丁学名	*Rubus chingii* Hu
英文名称	Palmleaf Raspberry
主要别名	复盆子、秦氏莓、聚盆子
科　　属	蔷薇科（Rosaceae）悬钩子属（*Rubus*）

图 35　掌叶覆盆子的叶

[形态特征]

　　落叶灌木，高 2~3 m。枝细，具皮刺，无毛。单叶，近圆形，直径 4~9 cm，掌状 5 深裂，稀 3 或 7 裂，中裂片菱状卵形，基部近心形，边缘有重锯，两面脉上有白色短柔毛，疏生小皮刺；托叶线状披针形。单花腋生，直径 2.5~4 cm；花梗长 2~3.5 cm，无毛；萼筒毛较稀或近无毛；萼片卵形或卵状长圆形，顶端具凸尖头，外面密被短柔毛；花瓣椭圆形或卵状长圆形，白色，顶端圆钝，长 1~1.5 cm，宽 0.7~1.2 cm；雄蕊多数，花丝宽扁；雌蕊多数，具柔毛。聚合果球形，红色，下垂；小核果密被灰白色柔毛。花期 3~4 月，果期 5~6 月。

[分布]

　　见于溧阳市南部山区；产于南京、溧阳、宜兴等地；分布于我国江苏、安徽、浙江、江西、湖南、湖北、福建、广东、广西和台湾等省区，日本也有分布。

[特性]

　　阳性树种；喜温暖湿润气候；对土壤要求不严，耐干旱、瘠薄。

[用途]

　　果大，味甜，可食、制糖及酿酒；果也可入药。

[附注]

　　本种叶掌状深裂；《本草正义》认为，本种具有"养肾、固精、缩小便"的功效，古时相传上了年纪的男子服用后不起夜，小便壶可覆盖不用，故名。

山　莓

拉丁学名	*Rubus corchorifolius* Linn. f.
英文名称	Palmleaf Raspberry
主要别名	山泡子、树莓、变叶悬钩子
科　　属	蔷薇科（Rosaceae）悬钩子属（*Rubus*）

[形态特征]

　　落叶灌木，高1~3 m。小枝红褐色，幼时有柔毛和少数腺毛，并有皮刺。单叶，卵形或卵状披针形，长3~9 cm，宽2~5 cm，不裂或3浅裂，边缘有不整齐重锯齿，表面脉上稍有柔毛，背面及叶柄有灰色茸毛，脉上散生钩状皮刺；叶柄长约20 mm；托叶条形，基部贴生于叶柄上。花单生或数朵聚生短枝上，白色，直径约3 cm；萼裂片卵状披针形，密生灰白色柔毛。聚合果球形，直径10~12 mm，红色。花期4~5月，果期5~6月。

[分布]

　　见于溧阳市路旁、沟谷和低山丘陵；产于江苏各地；除东北、甘肃、青海、新疆外，全国皆有分布，朝鲜、日本、缅甸、越南也有分布。

[特性]

　　阳性树种，较耐阴；对气候、土壤要求不严，适应性强。

[用途]

　　果生食或制果酱、酿酒。根入药，有止血作用。

[附注]

　　本种在溧阳市山区较为常见，多生于向阳山坡、溪边或灌木丛中，当地也称"树莓"。

图36　山莓的叶

插田泡

拉丁学名	*Rubus coreanus* Miq.
英文名称	Korean Raspberry
主要别名	插田藨、高丽悬钩子
科　　属	蔷薇科（Rosaceae）悬钩子属（*Rubus*）

[形态特征]

　　落叶灌木，高约3 m。枝粗壮，红褐色，被白粉，有钩状扁平皮刺。单数羽状复叶，小叶5~7，卵形、菱状卵形或宽卵形，长3~7 cm，宽1.5~3.5 cm，顶端尖，边缘有不整齐锯齿，沿两面叶脉有柔毛，顶生小叶顶端有时3浅裂；叶柄散生小皮刺；托叶线状披针形，有柔毛。伞房花序生于侧枝顶端，总花梗和花梗均被灰白色短柔毛；萼片卵状披针形，顶端渐尖，两面具茸毛；花瓣倒卵形，淡红色至深红色，与萼片近等长或稍短；雄蕊比花瓣短或近等长，花丝带粉红色；雌蕊多数；花柱无毛，子房被稀疏短柔毛。聚合果卵形，直径5~8 mm，成熟时紫黑色。花期5~6月，果期7~8月。

[分布]

见于溧阳市南部的路旁、沟谷和低山丘陵；产于苏南各地；分布于陕西、甘肃、河南、江西、湖北、湖南、江苏、浙江、福建、安徽、四川、贵州、新疆等省区，朝鲜和日本也有分布。

[特性]

阳性树种；喜温暖湿润气候；对土壤要求不严。

[用途]

果实味酸甜，可生食、熬糖及酿酒；果、根和叶均可入药；也可栽培作观赏或蜜源植物。

[附注]

本种拉丁学名中的种加词"*coreanus*"，意思为"高丽的"，故名"高丽悬钩子"。

图 37　插田泡的叶（单数羽状复叶）

蓬 蘽

拉丁学名	*Rubus hirsutus* Thunb.
英文名称	Hirsute Raspberry
主要别名	蓬蘽、泼盘、三月泡
科　　属	蔷薇科（Rosaceae）悬钩子属（*Rubus*）

[形态特征]

半常绿灌木。茎细弱，有柔毛、小皮刺及褐色腺毛。单数羽状复叶，小叶3~5，卵形或宽卵形，顶端小叶较大，长3~7 cm，宽2~3.5 cm，边缘有不整齐重锯齿，两面密生白色柔毛，背面叶脉有细皮刺；叶柄有柔毛及腺毛；托叶

图38　蓬蘽的花（花单生侧枝顶端）

线状披针形，有柔毛。花单生于侧枝顶端，稀腋生，白色；花柄长3~6 cm，有腺毛、柔毛和小皮刺；萼片长卵形至卵状披针形，长4~6 mm，顶端渐尖，边缘具茸毛，花时开展，果期反折；花瓣倒卵形，与萼片近等长或稍短；雄蕊比花瓣短或近等长，花丝带粉红色；雌蕊多数；花柱无毛，子房被稀疏短柔毛。聚合果近球形，直径约2 cm，成熟时鲜红色。花期4月，果期5~6月。

[分布]

见于溧阳市南部的山坡、路旁、荒地或灌木丛中；产于南京、句容、金坛、宜兴、溧阳、苏州等地；分布于河南、江西、安徽、江苏、浙江、福建、台湾、广东等省，朝鲜和日本也有分布。

[特性]

阳性树种；喜温暖湿润气候；对土壤要求不严。

[用途]

果实酸甜可食；全株可入药，具清热解毒、消肿止痛和止血的功效；根可提取栲胶；也可栽培作观赏或护坡植物。

[附注]

《本草纲目》记载：本种"生于丘陵之间，藤叶繁衍，蓬蓬累累，异于覆盆，故曰蓬蘽"。

高粱泡

拉丁学名	*Rubus lambertianus* Ser.
英文名称	Lambert Raspberry
主要别名	高粱蔗、十月苗、上棚莓、倒龙盘
科　　属	蔷薇科（Rosaceae）悬钩子属（*Rubus*）

[形态特征]

　　半常绿蔓生灌木。茎有棱，疏生皮刺，幼枝有短柔毛。单叶宽卵形，长5~10 cm，宽4~8 cm，顶端渐尖，基部心形，边缘有波状浅裂和细锯齿，有时3~5裂；上面疏生柔毛或沿叶脉有柔毛，下面被疏柔毛，沿叶脉毛较密，中脉上常疏生小皮刺；叶柄长2~4 cm，微有柔毛，有稀疏小皮刺；托叶离生、线状深裂，有细柔毛或近无毛，常脱落。圆锥花序顶生或腋生；苞片分裂成细条状；总花梗、花梗和花萼均被细柔毛；花白色，直径约10 mm；萼片卵状披针形，顶端渐尖、全缘，

图 39　高粱泡与聚合果（右上图，果实成熟时红色）

外面边缘和内面均被白色短柔毛。聚合果小，近球形，直径约6~8 mm，无毛，熟时红色。花期8~9月，果期10~11月。

[分布]

见于溧阳市境内的山坡、路旁、荒地或灌木丛中；产于江苏南北各地；分布于河南、湖北、湖南、安徽、江西、江苏、浙江、福建、台湾、广东、广西、云南等省区，日本也有分布。

[特性]

阳性树种，适应性强。

[用途]

果熟后食用及酿酒；根、叶供药用，有止血之效；为蜜源植物。

[附注]

本种为半常绿灌木，较为耐寒，十月气温偏低时依然生长良好，故名"十月苗"。

红腺悬钩子

拉丁学名	*Rubus sumatranus* Miq.
英文名称	Redglandular Raspberry
主要别名	红刺苔、花楸叶茶
科　　属	蔷薇科（Rosaceae）悬钩子属（*Rubus*）

[形态特征]

落叶直立或攀援状灌木；小枝、叶轴、叶柄、花梗和花序轴均被紫红色刚毛状腺毛、柔毛和皮刺。奇数羽状复叶，小叶5~7，稀3或9，纸质，卵状披针形至披针形，长3~8 cm，宽1.5~3 cm，顶端渐尖，基部圆形，偏斜，边缘具不整齐的尖锐锯齿，两面疏

图40　红腺悬钩子

生柔毛，沿中脉较密，下面沿中脉有小皮刺；叶柄长3~5 cm；托叶披针形或线状披针形，有柔毛和腺毛。花常3朵或数朵成伞房状花序；花萼被腺毛和柔毛；萼片披针形，长0.7~1 cm，顶端长尾尖，在果期反折；花瓣长倒卵形或匙状，白色；花柱和子房均无毛。聚合果长圆形，长1.2~1.8 cm，橘红色，无毛。花期4~6月，果期7~8月。

[分布]

见于溧阳市戴埠镇的山坡、林缘、竹林下或草丛中；产于江苏溧阳；分布于湖北、湖南、江西、江苏、安徽、浙江、福建、台湾、广东、广西、四川、贵州、云南、西藏等省区，印度、越南、泰国、柬埔寨和印度尼西亚也有分布。

[特性]

中性树种，稍耐阴。

[用途]

果实营养丰富，鲜果可生食；根入药，有清热、解毒、利尿之效。

[附注]

本种隶属于悬钩子属（*Rubus*），其茎、叶和花柄等常被红色腺毛，故名。

中华绣线菊

拉丁学名	*Spiraea chinensis* Maxim.
英文名称	Chinese Spiraea
主要别名	铁黑汉条、华绣线菊
科　　属	蔷薇科（Rosaceae）绣线菊属（*Spiraea*）

[形态特征]

落叶灌木，高1.5~3 m。小枝呈拱形弯曲，红褐色，幼时被黄色茸毛，老时无毛。叶片菱状卵形至倒卵形，长2.5~6 cm，宽1.5~3 cm，顶端急尖，基部宽楔形或圆形，边缘有缺刻状重锯齿，表面有稀疏柔毛，叶脉明显下陷，背面密被黄色茸毛；叶柄长4~10 mm，有短柔毛。伞形花序具花16~25朵；花梗长5~10 mm，具短柔毛；苞片线形，被短柔毛；花白色，直径3~4 mm；萼筒钟状，有柔毛；萼片卵状披针形；雄蕊短于花瓣或与花瓣等长；子房具短柔毛，花柱短于雄蕊。蓇葖果开张，有柔毛。花期4~5

月，果期6~9月。

[分布]

见于溧阳市的山坡、林缘、山谷溪边或田野路旁；产于南京、宜兴、溧阳等地；分布于内蒙古、河北、河南、陕西、湖北、湖南、安徽、江西、江苏、浙江、贵州、四川、云南、福建、广东、广西等省区。

图41 中华绣线菊（伞形花序）

[特性]

阳性树种；对气候、土壤要求不严，耐旱性强。

[用途]

根有利咽消肿、祛风止痛的功效；也可庭院栽培，供观赏。

[附注]

中国特有树种。

皂 荚

拉丁学名	*Gleditsia sinensis* Lam.
英文名称	Chinese Honeylocust, Common Honeylocust
主要别名	皂角、长皂荚、山皂荚、皂荚刺、台树
科　　属	苏木科（Caesalpiniaceae）皂荚属（*Gleditsia*）

[形态特征]

落叶乔木，高可达15 m。枝灰色至深褐色；刺粗壮，圆柱形，常分枝，多呈圆锥状，长达16 cm。叶为一回偶数羽状复叶，长10~18 cm；小叶3~9对，纸质，卵状披针形至长圆形，长2~8.5 cm，宽1~4 cm，边缘具细锯齿，无毛。花杂性，总状花序腋生；花萼钟状，裂片4，披针形；花瓣4，白色；雄蕊6~8，子房沿缝线

图 42　皂荚的枝叶与树干枝刺（右下图）

有毛。荚果扁平长条形刀鞘状，不扭转，果肉稍厚，长12~30 cm，宽2~4 cm，微厚，黑棕色，外面有白粉；种子多颗，长圆形或椭圆形，长11~13 mm，宽8~9 mm，棕色，光亮。花期4~5月，果期9~10月。

[分布]

见于溧阳市的山坡、林缘、平地或村落旁；产于江苏多地，但以苏南地区较多；分布于河北、山东、河南、山西、陕西、甘肃、江苏、安徽、浙江、江西、湖南、湖北、福建、广东、广西、四川、贵州、云南等省区。

[特性]

阳性树种，稍耐阴；喜温暖湿润气候，耐寒、耐旱、耐瘠薄、耐盐碱，适应性强；对土壤要求不严，但以深厚、肥沃、湿润的土壤为佳；深根系，侧根发达，寿命长，抗风力强。

[用途]

本种木材坚硬，为车辆、家具用材；荚果煎汁可代肥皂用以洗涤丝毛织物；嫩芽可食；果荚、种子均可入药。

[附注]

中国特有树种。

山合欢

拉丁学名	*Albizia kalkora*（Roxb.）Prain.
英文名称	Lebbek Albizzia
主要别名	山槐、白合欢、马缨花
科　　属	含羞草科（Mimosaceae）合欢属（*Albizia*）

[形态特征]

　　落叶乔木，高4~15 m。枝条暗褐色，被短柔毛，有显著皮孔。二回羽状复叶，羽片2~4对，小叶5~14对，长圆形或长圆状卵形，先端圆钝而有细尖头，基部近圆形，偏斜，两面均被短柔毛，中脉显著稍偏于叶片上侧。头状花序2~3枚生于叶腋，或于枝顶排成圆锥花序，花初白色，后变黄，具明显的小花梗；花萼管状；花冠长6~8 mm，中部以下连合呈管状；雄蕊花丝黄白色，长于花冠数倍，基部连合呈管状。荚果带状，扁平，长7~17 cm，宽1.5~3 cm，深棕色。种子4~12颗，倒卵形。花期5~7月，果期9~11月。

[分布]

　　见于溧阳市的溪沟边、路旁和山坡林中；产于江苏各地；分布于我国华北、西北、华东、华南至西南部各省区。

[特性]

　　阳性树种，喜温暖湿润气候，耐寒性较强；浅根系，根系具根瘤，有改良土壤的作用。

[用途]

　　木材耐水湿，可制作家具；树皮可制人造棉或纸；种子可榨油；花美丽，可作为风景树。

[附注]

　　本种在溧阳市山区较为常见，与合欢（*Albizia julibrissin*）相比，本种花常白色，故名"山合欢""白合欢"。

图43　山合欢（二回羽状复叶）

紫穗槐

拉丁学名	*Amorpha fruticosa* Linn.
英文名称	Indigobush Amorpha, Falseindigo, Shrubby Amorpha
主要别名	穗花槐、紫翠槐、棉槐、紫槐
科　　属	蝶形花科（Papilionaceae）紫穗槐属（*Amorpha*）

[形态特征]

　　落叶灌木，高1~4 m。小枝褐色，被疏毛，后变无毛，嫩枝密被短柔毛。叶片互生，一回奇数羽状复叶，长10~15 cm，有小叶11~25，基部有线形托叶；叶柄长1~2 cm；小叶卵形或椭圆形，全缘，长1~4 cm，宽0.6~2.0 cm，先端圆形，锐尖或微凹，有一短而弯曲的尖刺，基部圆形，两面有白色短柔毛，具黑色腺点。穗状花序集生于枝条上部。花冠紫色，旗瓣心形，无翼瓣和龙骨瓣；雄蕊10，包于旗瓣之中，伸出花冠外。荚果下垂，长6~10 mm，宽2~3 mm，微弯曲，顶端具小尖，棕褐色，表面有凸起的瘤状腺点。花、果期5~10月。

[分布]

　　见于溧阳市的路旁、河岸和山坡；江苏多地有栽培，有少量逸生；原产北美东部，我国东北、华北、西北及山东、安徽、江苏、河南、湖北、广西、四川等省区均有栽培。

图44　紫穗槐的穗状花序

[特性]

　　阳性树种，适应性强；根系发达，萌芽性强，耐刈割，生长快；抗性强并且有根瘤，具固氮功能。

[用途]

　　嫩枝和叶可饲用，为优良的绿肥植物；可作防风固沙树种和蜜源植物；枝条可编制篓筐；种子榨油，可作油漆、甘油和润滑油之原料。

[附注]

本种花序穗状，花冠紫色，故名。

杭子梢

拉丁学名	*Campylotropis macrocarpa*（Bge.）Rehd.
英文名称	Chinese Clover Shrub
主要别名	豆角柴、杭梢子、菇子稍
科　　属	蝶形花科（Papilionaceae）杭子梢属（*Campylotropis*）

[形态特征]

落叶灌木，高达2 m。幼枝密生白色短柔毛。羽状复叶具3小叶，顶生小叶矩圆形或椭圆形，长3~6.5 cm，宽1.5~4 cm，先端圆或微凹，有短尖，基部圆形，表面无毛，脉纹明显，背面有淡黄色柔毛，侧生小叶较小。总状花序腋生；花梗细长，长可达1 cm，有关节和绢毛；

图45　杭子梢的叶（3小叶的羽状复叶）与总状花序

花萼宽钟状，萼齿4，中间2萼齿三角形，有疏柔毛；花冠紫色。荚果斜椭圆形，长约1.2 cm，具明显脉纹，边缘有毛。花、果期6~9月。

[分布]

见于溧阳市的各地，生于丘陵向阳山坡、溪边沟谷草丛或林缘；产于江苏各地；分布于我国华北、华中、华南、西南以及辽宁，朝鲜也有分布。

[特性]

对气候、土壤适应性强，耐寒、耐干旱、耐瘠薄。

[用途]

本种作为营造防护林与混交林的树种，可起到固氮、改良土壤的作用；枝条可供编织；叶及嫩枝可作绿肥；嫩叶可作饲料。

[附注]

　　本种与胡枝子属（*Lespedeza*）植物均为相似，但本种苞片早落，每苞片内仅具1花，花梗在花萼下方有关节。

黄　檀

拉丁学名	*Dalbergia hupeana* Hance
英文名称	Hupeh Rosewood
主要别名	檀树、不知春、山檀、水檀
科　　属	蝶形花科（Papilionaceae）黄檀属（*Dalbergia*）

[形态特征]

　　落叶乔木，高10~17 m。树皮暗灰色，呈薄片状剥落。幼枝淡绿色，无毛。一回羽状复叶，有小叶3~5对，小叶互生，近革质，椭圆形至长圆状椭圆形，长3.5~6 cm，宽2.5~4 cm，顶端钝，微缺，基部圆形，两面无毛；托叶早落。圆锥花序顶生或生于最上部的叶腋间，花梗有锈色疏毛；花萼钟状，萼齿5，不等，上方2枚阔圆形，较短，有锈色柔毛，最下1枚披针形，较长；花冠白色或淡紫色；雄蕊10，成5+5的二体。荚果长圆形，扁平，长4~7 cm，宽13~15 mm，顶端急尖，果瓣薄革质。种子1~3粒，肾形，长7~14 mm，宽5~9 mm。花、果期7~10月。

[分布]

　　见于溧阳市各地，生于山坡、沟谷林中、林缘、疏林及灌木丛中；产于江苏各地；分布于山东、江苏、安徽、浙江、江

图46　黄檀的荚果

西、福建、湖北、湖南、广东、广西、四川、贵州、云南等省区。

[特性]

　　阳性树种；深根系，萌芽力强；生长缓慢，寿命长；对土壤要求不严，耐干旱瘠薄。

[用途]

　　木材黄色或白色，材质坚密，能耐强力冲撞，常用作车轴、榨油机轴心、枪托、各种工具柄等；树皮纤维为人造棉及造纸原料；根可入药；果实可以榨油。

[附注]

　　中国特有树种。

华东木蓝

拉丁学名	*Indigofera fortunei* Craib.
英文名称	Fortune Indigo
主要别名	华东槐蓝、福氏木蓝、华东木兰、山豆根
科　　属	蝶形花科（Papilionaceae）木蓝属（*Indigofera*）

[形态特征]

　　落叶小灌木，高约30 cm。茎直立，灰褐色或灰色，茎枝有棱，全体无毛。奇数羽状复叶，小叶3~7对，对生，卵形、卵状椭圆形或披针形，长1.5~4.5 cm，宽0.8~2.8 cm，顶端急尖，钝或微凹，有长约2 mm的小尖头，基部圆形或阔楔形，全缘，革质，两面无毛；小托叶针状。总状花序腋生，长8~18 cm；苞片卵形，长约1 mm，早落；花萼筒状，长2.5 mm，外面有短柔毛；花冠紫红色或粉红色，旗瓣倒阔卵形，

图47　华东木蓝的枝叶和花序

长约10 mm，外面有短柔毛。荚果细长，褐色，长3~5 cm，无毛，开裂后果瓣旋卷。内果皮具斑点。花期5月，果期6~7月。

[分布]

见于溧阳市的山坡、沟谷及疏林中；产于连云港及苏南地区；分布于安徽、江苏、浙江、湖北等省。

[特性]

阳性树种，稍耐阴；对气候、土壤要求不严。

[用途]

根可供药用，有清热解毒效果；叶烘干后，可代茶叶。

[附注]

中国特有树种。

绿叶胡枝子

拉丁学名	*Lespedeza buergeri* Miq.
英文名称	Buerger Bush-clover
主要别名	白氏胡枝子、绿胡枝子
科　　属	蝶形花科（Papilionaceae）胡枝子属（*Lespedeza*）

[形态特征]

落叶直立灌木，高1~3 m。小枝疏被柔毛，常呈"之"字形弯曲。羽状复叶具3小叶，小叶卵状椭圆形，长3~7 cm，宽1.5~2.5 cm，先端急尖或渐尖，基部圆钝，上面鲜绿色，光滑无毛，下面灰绿色，密被贴生的毛。总状花序腋生，上部呈圆锥花序状；花萼钟状，萼齿5，披针形，有短柔毛；花冠淡黄绿色，旗瓣与翼瓣基部常带紫色，旗瓣倒卵形，翼瓣较旗瓣短，基部有爪，龙骨瓣长于旗瓣。荚果长圆状卵形，长约15 mm，表面具网纹和长柔毛。花期6~7月，果期8~10月。

[分布]

见于溧阳市的山坡、沟谷、路旁或旷野；产于江苏各地；分布于山西、陕西、甘肃、江苏、安徽、浙江、江西、台湾、河南、湖北、四川等省，朝鲜和日本也有分布。

图 48　绿叶胡枝子

[特性]

阳性树种，喜温暖湿润气候，对土壤要求不严。

[用途]

种子含油；根与叶可药用；也可作饲料；还可栽培供观赏。

[附注]

本种的叶上面通常呈鲜绿色，故名。

多花胡枝子

拉丁学名	*Lespedeza floribunda* Bunge
英文名称	Many-flower Bushclover
主要别名	白毛蒿花、山扫帚
科　　属	蝶形花科（Papilionaceae）胡枝子属（*Lespedeza*）

[形态特征]

落叶小灌木，高60~100 cm。茎近基部多分枝，枝有条棱，被灰白色茸毛。羽状复叶具3小叶，小叶具柄，倒卵形或狭长倒卵形，长1~1.5 cm，宽6~9 mm，先端微凹或近截形，具小刺尖，基部楔形，上面无毛，下面密被白色伏柔毛。总状花序腋生；无瓣花簇生叶腋，无花梗；花萼钟状，萼齿5，披针形，密生白色柔毛；花冠紫色，龙骨瓣长于旗瓣。荚果宽卵形，长约7 mm，密被柔毛，有网纹。花期6~8月，果期9~10月。

[分布]

见于溧阳市的山坡、沟谷或路旁；产于江苏各地；分布于辽宁、河北、山西、陕西、宁夏、甘肃、青海、山东、江苏、安徽、江西、福建、河南、湖北、广东、四川等省区。

图 49　多花胡枝子（枝被灰白色茸毛）

[特性]

　　阳性树种，对气候、土壤要求不严，耐干旱、瘠薄。

[用途]

　　可作饲料和绿肥；也可作为水土保持树种；根可药用，有消积散瘀的功效。

[附注]

　　本种为落叶小灌木，分枝较多，花也较多且簇生，故名"多花胡枝子""山扫帚"。

美丽胡枝子

拉丁学名	*Lespedeza thunbergii* subsp. *formosa*（Vogel）H. Ohashi
英文名称	Beautiful Bushclover
主要别名	毛胡枝子
科　　属	蝶形花科（Papilionaceae）胡枝子属（*Lespedeza*）

[形态特征]

　　直立灌木，高1~2 m。枝稍具棱，幼时密被白色短茸毛。小叶3，顶生小叶卵形、卵状椭圆形或长椭圆形，长1.5~5 cm，宽1~3 cm，顶端急尖或微凹，基部楔形，叶背面密被短伏毛或几无毛。总状花序腋生、单生或数个排成圆锥状，长6~15 cm；总花梗长1~3 cm，密被白色短茸毛；花萼钟状，萼齿与萼管近等长或较长，密生短柔毛；花冠红紫色，长10~12 mm，花盛开时翼瓣和旗瓣较龙骨瓣短。荚果斜卵形，长5~9 mm，顶端具短喙，被锈色短茸毛，具网纹。种子1，长圆形，成熟时黑色。花、果期7~10月。

[分布]

　　见于溧阳市的山坡、沟谷或路旁；产于江苏各地；分布于华北、华东、西南及广东、广西等地，朝鲜、日本也有分布。

[特性]

阳性树种，对气候、土壤要求不严，耐干旱、瘠薄。

[用途]

为良好的水土保持植物；根可入药，有凉血、消肿、除湿解毒的功效；茎叶可作饲料。

[附注]

本种幼枝密被白色茸毛，故名"毛胡枝子"。

图50 美丽胡枝子（总状花序）

葛 藤

拉丁学名	*Pueraria montana*（Lour.）Merr.
英文名称	Montane Kudzuvine
主要别名	葛、葛根、野葛、粉葛藤
科　　属	蝶形花科（Papilionaceae）葛属（*Pueraria*）

[形态特征]

半木质藤本，全株有黄色长硬毛。块根肥厚。小叶3，顶生小叶阔卵形，长9~18 cm，宽6~12 cm，先端渐尖，基部圆形，边缘有时浅裂，上面有稀疏长硬毛，下面有绢质柔毛，侧生小叶略小而偏斜，边缘深裂；托叶盾形。总状花序腋生，花多而密，苞片卵形，比小苞片短，有毛；萼钟状，萼齿5，披针形，上面2齿合生，下1齿较长，均有黄色硬毛；花冠紫红色，长约1.2 cm。荚果条形，扁平，长4~9 cm，密生锈色长硬毛。有种子多粒。花、果期8~10月。

[分布]

见于溧阳市的丘陵山区；产于江苏各地；分布于新疆、青海、西藏外的各省区，东南亚至澳大利亚也有分布。

[特性]

阳性树种，蔓延迅速；生态幅度广，喜温暖湿润气候，对土壤要求不严，极

图 51 葛藤的总状花序与荚果（右下图）

耐干旱、瘠薄。

[用途]

块根可提取淀粉食用或酿酒；茎皮纤维可纺织；嫩茎叶可作饲料；可作水土保持植物。

[附注]

本种形态变化较大，在溧阳市山区有时茎明显木质化，但幼嫩时茎的木质化程度较低。

刺 槐

拉丁学名	*Robinia pseudoacacia* Linn.
英文名称	Yellow Locust, Blackacacia, False Acacia
主要别名	洋槐、刺儿槐、刺槐花、钉子槐
科 属	蝶形花科（Papilionaceae）刺槐属（*Robinia*）

[形态特征]

落叶乔木，高10~25 m。树皮褐色，浅裂至深纵裂。小枝灰褐色，幼时有棱脊，微被毛，后无毛。具托叶刺或无，长达2 cm。奇数羽状复叶有小叶7~25，对生，椭圆形或卵形，长2~5 cm，宽1.5~2.2 cm，先端圆或微凹，具小尖头，基部圆形，全缘。总状花序腋生，长10~20 cm，下垂，花白色，芳香；花萼筒上有红色斑纹；花萼斜钟状，萼齿5，稍二唇形；旗瓣近圆形，有爪，反折，基部有黄色斑点，翼瓣弯曲，龙骨瓣背部愈合。荚果褐色，薄而扁平，长椭圆形，熟时2瓣裂。种子褐色至黑褐色，微具光泽，近肾形。花、果期4~6月。

[分布]

见于溧阳市的丘陵山区；江苏各地栽培，有逸生；原产北美东部，17世纪传入欧洲和非洲，18世纪末由欧洲引入我国，现已归化，多地均有分布。

[特性]

  阳性树种，喜湿润气候；对土壤适应性强；萌蘖性极强，生长迅速。

[用途]

  优良的行道树种，为庭院观赏和重要的速生材用树种；材质硬重，抗腐耐磨，宜作枕木、车辆、建筑、矿柱等多种用材；为优良的蜜源植物；花可食用。

[附注]

  本种在溧阳市广泛栽培，现已归化。

图 52　刺槐的荚果

苦　参

拉丁学名	*Sophora flavescens* Ait.
英文名称	Lightyellow Sophora
主要别名	地槐、野槐、地参
科　　属	蝶形花科（Papilionaceae）槐属（*Sophora*）

[形态特征]

  草本或亚灌木，通常高1~2 m。主根圆柱形，外皮黄色。茎具纹棱。羽状复叶长达25 cm；托叶披针状线形，渐尖，长约6~8 mm；小叶6~12对，互生或近对生，纸质，形状多变，椭圆形、卵形、披针形至披针状线形，长3~4 cm，宽1.2~2 cm，先端钝或急尖，基部宽楔形或浅心形，上面无毛，下面被平伏柔毛。总状花序顶生，长15~25 cm；花多数；花萼钟状，明显歪斜，具不明显波状齿；花冠白色或淡黄白色，旗瓣倒卵状匙形，翼瓣强烈皱褶，无耳，龙骨瓣与翼瓣相似，稍宽。雄蕊10，分离或近基部稍连合；子房近无柄，被淡黄白色柔毛，花柱稍弯曲，胚珠多数。荚果长5~10 cm，呈不明显串珠状，稍四棱形，疏被短柔毛，有

图 53　苦参的荚果

种子1~5粒。花、果期6~9月。

[分布]

　　见于溧阳市各地，山坡、溪沟边、沙地、草坡、灌木林中或田野附近；产于江苏各地；分布于我国南北各省区，印度、日本、朝鲜、俄罗斯（西伯利亚）也有分布。

[特性]

　　中旱生植物，耐干旱、瘠薄。

[用途]

　　根含苦参碱（matrine）和金雀花碱（cytisine）等，入药有清热利湿、抗菌消炎、健胃驱虫之效，常用于治疗皮肤瘙痒、神经衰弱、消化不良及便秘等症；种子可做农药；茎皮纤维可织麻袋等。

[附注]

　　本种在溧阳境内通常为亚灌木或灌木。

紫　藤

拉丁学名	*Wisteria sinensis* Sweet.
英文名称	Chinese Wisteria, Bean Tree
主要别名	藤花、朱藤、猪花藤
科　　属	蝶形花科（Papilionaceae）紫藤属（*Wisteria*）

[形态特征]

　　落叶藤本。茎左旋，枝较粗壮，嫩枝被白色柔毛，后秃净。奇数羽状复叶长15~25 cm，小叶7~13，纸质，卵状椭圆形至卵状披针形，先端渐尖，基部宽楔形，顶生小叶较大，基部1对最小。总状花序长15~20 cm，花蓝紫色，长约2.5 cm；花萼阔钟状，有5齿裂，下面3齿较长。荚果长10~25 cm，宽1.5~2 cm，表面密被黄色茸毛，悬垂枝上不脱落。种子1~3粒，扁圆形，褐色，具光泽。花期3~4月，果期5~8月。

[分布]

见于溧阳市各地，生于向阳山坡、沟谷、旷地、灌草丛中或疏林下；产于江苏各地；分布于华东、华中以及河北、山西、陕西、湖北、湖南、河南、广西、贵州、云南等省区。

图54 紫藤的荚果

[特性]

阳性树种，对气候、土壤适应性很强。

[用途]

本种先花后叶、花繁而美丽，可作庭园垂直绿化树种；花和嫩叶可食用；可作纤维植物或蜜源植物；根、茎、叶和花均可入药。

[附注]

本种为落叶木质藤本，先花后叶，花紫色，故名"紫藤"。

齿叶溲疏

拉丁学名	*Deutzia crenata* Sieb. et Zucc.
英文名称	Crenated Deutzia
主要别名	空疏、空心树、圆齿溲疏
科　属	山梅花科（Philadelphaceae）溲疏属（*Deutzia*）

[形态特征]

落叶灌木，高达3 m。小枝疏被星状毛。叶片对生，有短柄；叶片卵形至卵状披针形，长5~8 cm，宽1~3 cm，顶端尖，基部稍圆，边缘有细锯齿，稍背卷，叶面疏被4或5枝辐射状星状毛，叶背被10~15枝辐射状星状毛，毛被不连续覆盖。圆锥花序具多花，花瓣白色；萼裂片卵形，与花柄和萼筒均密被黄褐色星状毛；

花瓣长圆形，外面有星状毛；花丝先端2齿裂；子房下位，花柱3。蒴果半球形，直径4 mm，疏被星状毛。种子细小。花期5~6月，果期7~10月。

图55 齿叶溲疏

[分布]

见于溧阳市山区；产于江苏南部山区；原产日本，在我国广泛栽培，在浙江、安徽、福建、江苏、湖北、山东和云南等地已归化。

[特性]

阳性树种，稍耐阴；喜温暖湿润气候，耐寒性较强；适宜疏松、湿润且富含腐殖质的酸性和中性土壤。

[用途]

树姿优美、花朵洁白，可供园林观赏；也可药用。

[附注]

本种在溧阳市境内为逸生种。

钻地风

拉丁学名	*Schizophragma integrifolium* Oliv.
英文名称	Chinese Hydrangeavine
主要别名	桐叶藤、追地风、小齿钻地风
科　属	绣球科（Hydrangeaceae）钻地风属（*Schizophragma*）

[形态特征]

落叶木质藤本，以气生根攀援他物上。小枝表皮紧贴，老枝有纵裂条纹。叶片对生，卵形至椭圆形，长10~15 cm，宽5~12 cm，薄革质，叶缘疏生小齿，两面绿色，下面有时脉上有柔毛或脉腋间有簇毛，叶柄长3~9 cm。伞房状聚伞花序顶生，有褐色柔毛；花二型；不孕花有1枚萼瓣，萼瓣椭圆形至阔披针形，黄白色；孕性花较小，绿色；花萼裂片4~5；花瓣4~5，离生；雄蕊10，不等长；子房近下位。蒴果陀螺状，长6 mm，具纵棱，种子具翅。花期6~7月，果期10~11月。

[分布]

见于溧阳市山区林下；产于宜兴、溧阳等地；分布于浙江、安徽、湖南、湖北、江西、四川、福建、贵州、云南、广西、广东、海南等省区。

[特性]

阳性树种，稍耐阴；喜湿润气候，对土壤要求不严；耐寒、耐旱、耐水湿、耐瘠薄，适应性强。

[用途]

花大美丽、攀附力强，可作公园、庭院垂直绿化树种；根藤有祛风活血、舒筋之药效。

[附注]

中国特有树种。

图 56　钻地风（木质藤本）

簇花茶藨子

拉丁学名	*Ribes fasciculatum* Sieb. et Zucc.
英文名称	Winter-berry Currant
主要别名	茶藨子、华茶藨、蔓茶藨、薮山楂子
科　　属	醋栗科（Grossulariaceae）茶藨子属（*Ribes*）

[形态特征]

落叶灌木，高可达2 m。小枝灰绿色，幼时有柔毛；老枝紫褐色，皮常剥落。芽小，卵圆形或长卵圆形，长2~5 mm，先端急尖，具数枚棕色或褐色鳞片，外面无毛。叶片三角状圆形，宽约4 cm，宽稍大于长，边缘掌状3~5裂，裂片宽卵圆形，基部截形或心形，边缘锯齿粗钝，两面疏生柔毛。伞形花序，几无花序梗，花单性，雌雄异株，簇生；雄花4~9，黄绿色，杯状，芳香；雌花2~4，子房无毛。

图57 簇花茶藨子

浆果近球形，直径7~10 mm，红褐色，无毛，萼筒宿存，果柄有节。种子多数，有胚乳，有小圆筒状的胚。花期4~5月，果期7~9月。

[分布]

见于溧阳山坡林下、路边；产南京、镇江、溧阳和宜兴等地；分布于江苏、安徽和浙江等省区，日本和朝鲜也有分布。

[特性]

阳性树种，稍耐阴；喜湿润气候，耐寒性强；对土壤要求不严，但适宜在疏松、湿润以及富含腐殖质的土壤生长。

[用途]

可于庭园栽培，供观赏；果实可酿酒或做果酱。

[附注]

本种在恩格勒系统中，被置于虎耳草科（Saxifragaceae）。

赛山梅

拉丁学名	*Styrax confusus* Hemsl.
英文名称	Confused Storax
主要别名	白花龙、白山龙
科　　属	野茉莉科（Styracaceae）野茉莉属（*Styrax*）

[形态特征]

落叶灌木或小乔木，高2~8 m。树皮褐色，平滑。幼枝有黄褐色星状毛，老枝紫褐色。叶片纸质，长椭圆形或卵形，长4~14 cm，宽2.5~7 cm，顶端急尖，基部圆形或宽楔形，边缘有不规则细锯齿，初时两面均疏被星状短柔毛，以后脱落，仅叶脉上有毛。单生或3~8朵组成总状花序，腋生或顶生，花乳白色；花序梗、花梗和小苞片均密被灰黄色星状柔毛；花白色，长1.3~2.2 cm；花梗长1~1.5 cm；花萼杯状，膜质，外面有黄色毛；花柄长1~2 cm。果实近球形，3瓣裂，直径8~15 mm，表面有厚柔毛，果皮厚1~2 mm，常具皱纹。种子倒卵形，黄褐色。花期5~6月，果期9~10月。

图58 赛山梅的叶与果实

[分布]

见于溧阳市山区，生于山坡灌木丛中；产于江苏山地丘陵；

分布于四川、贵州、广西、广东、湖南、湖北、安徽、江苏、江西、浙江、福建等省区。

[特性]

阳性树种，稍耐阴；喜湿润气候，耐寒、耐旱、耐瘠薄；对土壤要求不严，适应性强，酸性、中性及钙质土壤均能生长。

[用途]

花、果美丽，可栽培供观赏；木材可做农具；种子油可供制润滑油、肥皂和油墨等。

[附注]

中国特有树种。

垂珠花

拉丁学名	*Styrax dasyanthus* Perk.
英文名称	Rough~hairflower Storax
主要别名	白花树、垂花树、白克马叶
科　　属	野茉莉科（Styracaceae）野茉莉属（*Styrax*）

[形态特征]

落叶灌木或乔木，高达8 m。树皮灰褐色。嫩枝密被灰黄色星状毛，后变无毛。叶片薄革质，倒卵状椭圆形或倒卵形，长7~14 cm，宽 3.5~6.5 cm，顶端急尖

图 59　垂珠花的叶与花序（圆锥花序）

或钝渐尖，尖头常稍弯，基部楔形或宽楔形，上部边缘有细锯齿，两面疏被星状柔毛，以后渐脱落而仅叶脉上被毛；叶柄长3~7 mm。圆锥花序顶生或腋生，具多花，长4~8 cm；花序梗和花梗密被星状柔毛，花梗长6~10 mm；花萼杯状，外面密被星状毛，三角形；花冠白色，五裂；花柱较花冠长，无毛。果实球形，长9~13 mm，直径5~7 mm，顶端有短尖头，密被灰黄色星状短茸毛。种子褐色，表面有皱纹。花期5~6月，果期10~12月。

[分布]

　　见于溧阳市山区，生于向阳山坡杂木林中；产于江苏各地的山地丘陵；分布于山东、河南、安徽、江苏、浙江、湖南、江西、湖北、四川、贵州、福建、广西和云南等省区。

[特性]

　　阳性树种；对气候、土壤适应性强；耐干旱、瘠薄。

[用途]

　　可栽培，供观赏；叶可药用，润肺止咳；种子可榨油，可制油漆或肥皂。

[附注]

　　中国特有树种。

薄叶山矾

拉丁学名	*Symplocos anomala* Brand
英文名称	Thinleaf Sweetleaf
主要别名	薄叶冬青、山桂花、薄叶灰木
科　　属	山矾科（Symplocaceae）山矾属（*Symplocos*）

[形态特征]

　　常绿小乔木，高5~7 m；顶芽与嫩枝被褐色柔毛。老枝通常黑褐色。叶片薄革质，狭椭圆形或椭圆状披针形，长5~7 cm，宽1.5~3 cm，先端渐尖，基部楔形，全缘或有锐锯齿，叶面有光泽，中脉和侧脉在叶面均凸起。花绿白色，3~10朵集成短总状花序，花柄和花序梗密被毛，萼下有2小苞片；花萼外面被柔毛，5裂，裂片半圆形，与萼筒等长；雄蕊约30枚，花丝基部稍合生；子房3室，顶端有柔毛。核果褐色，长圆形，长7~10 mm，被短柔毛，有明显的纵棱，3室，顶端有宿存萼。花期9月，果期翌年5月。

[分布]

　　见于溧阳市山区，生于山坡、山谷杂木林中；产于宜兴、溧阳的山地丘陵；分布于长江流域以南及西南各省区，越南也有分布。

[特性]

　　阳性树种，幼树耐阴；对气候、土壤要求不严。

[用途]

　　可作绿化树种；木材坚韧，可做农具、家具等；种子油可做机械润滑油。

[附注]

　　本种隶属于山矾属（*Symplocos*），其叶片薄革质，故名"薄叶山矾"。

图60　薄叶山矾

光亮山矾

拉丁学名	*Symplocos lucida*（Thunb.）Sieb. et Zucc.
英文名称	Sichuan Sweetleaf
主要别名	棱角山矾、厚叶山矾
科　　属	山矾科（Symplocaceae）山矾属（*Symplocos*）

[形态特征]

常绿小乔木或乔木。嫩枝黄绿色，有棱。叶片厚革质，卵状椭圆形或椭圆形，长6.5~10 cm，宽2.5~4 cm，顶端渐尖，基部楔形，全缘或有疏锯齿，中脉在上面隆起。穗状花序有花多朵，生于叶腋；花萼长约3 mm，裂片宽卵形，长约2 mm；花冠白色，长3.5~4 mm，5深裂达基部，裂片椭圆形或卵形；雄蕊25，花丝基部合生成5体雄蕊；子房顶端五角形，有长柔毛。核果矩圆状卵形或倒卵形，熟时黑褐色，长约1.5 cm，宿存萼裂片直立，核有8~12条纵棱。花期3~4月，果期8~10月。

[分布]

见于溧阳市南部山区；产于溧阳山区；分布于安徽、福建、广东、广西、贵州、海南、湖北、湖南、江西、江苏、四川、台湾、西藏、台湾、云南、浙江等省区，不丹、柬埔寨、印度、印度尼西亚、日本、老挝、马来西亚、缅甸、泰国和越南也有分布。

[特性]

阳性树种，幼树耐阴；对气候、土壤要求不严。

[用途]

木材坚韧，可作细工及家具用材；也可作绿化树种。

[附注]

《江苏植物志》（第4卷，P28~29）

图61　光亮山矾

记载：本种在江苏南京等地有栽培。根据作者调查，在江苏溧阳南部山区的杂木林中有少量分布。

白 檀

拉丁学名	*Symplocos paniculata*（Thunb.）Miq.
英文名称	Sapphireberry Sweetleaf
主要别名	白檀山矾、华山矾、灰木
科　　属	山矾科（Symplocaceae）山矾属（*Symplocos*）

[形态特征]

落叶灌木或小乔木。嫩枝有灰白色柔毛，老枝无毛。叶片纸质，椭圆状倒卵形或卵形，长3~11 cm，宽2~4 cm，先端渐尖或尾尖，边缘有细锯齿，叶面无毛或有柔毛，叶背通常有柔毛或仅脉上有柔毛；中脉在叶面凹下。花白色，芳香，圆锥花序长5~8 cm，生于新枝顶端或叶

图 62　白檀的圆锥花序

腋，通常有柔毛；苞片早落，通常条形，有褐色腺点；雄蕊40~60，长短不一，花丝基部合生，成5体雄蕊；子房2室，无毛。核果熟时蓝黑色，斜卵状球形，长5~8 mm，顶端宿萼裂片直立。花期5月，果期7月。

[分布]

见于溧阳市南部山区，生于低山丘陵、灌草丛中；产于连云港及苏南等地；分布于东北、华北、华中、华南、西南各地。

[特性]

阳性树种，对气候、土壤适应性很强，耐干旱、瘠薄。

[用途]

花多洁白、芳香，可作园林观赏树种或蜜源植物；木材细致，为细工及建筑用材；种子油可作油漆和肥皂等工业用油；叶和根皮可做农药。

[附注]

中国特有树种。

山　矾

拉丁学名	*Symplocos sumuntia* Buch.-Ham. ex D. Don
英文名称	Sumuntia Sweetleaf
主要别名	山桂花、九里香、甜茶、大萼山矾
科　　属	山矾科（Symplocaceae）山矾属（*Symplocos*）

[形态特征]

常绿灌木或乔木，高1.5~2.5 m。树皮灰褐色，小枝有皮孔。叶片薄革质，卵状披针形、狭卵形或椭圆形，长3.5~8 cm，宽1.5~3 cm，顶端常呈尾状渐尖，基部楔形或圆形，边缘有浅锯齿或波状齿，干后黄绿色；中脉在叶面凹下，在背面凸起。总状花序腋生，长2.5~4 cm，被展开的柔毛；花萼无毛，长2~2.5 mm；花冠白色，5深裂几达基部，长4~4.5 mm，裂片背面有微柔毛；雄蕊25~35，花丝基部稍合生；子房3室，顶端无毛。核果，黄绿色，卵状坛形，无毛，长7~10 mm，外果皮薄而脆，顶端萼片宿存。花期3~4月，果期8月。

[分布]

见于溧阳市南部山区；产于宜兴、溧阳等地；分布于江苏、浙江、福建、台湾、广东、海南、广西、江西、湖南、湖北、四川、贵州、云南等省区，尼泊尔、不丹、印度也有分布。

[特性]

阳性树种，幼树耐阴；对气候、土壤要求不严；耐干旱、瘠薄，萌芽力强，抗火性强。

[用途]

花繁叶茂，可栽培作观赏树种；木材坚韧，可作家具或其他细工用材；根、叶、花可药用；叶可做媒染剂。

图63　山矾的总状花序

[附注]

本种为常绿灌木或乔木，花白色，有香味，故名"山桂花"。

四照花

拉丁学名	*Cornus kousa* F. Buerger ex Hance subsp. *chinensis*（Osborn）Q. Y. Xiang
英文名称	Chinese Kousa Dogwood
主要别名	山荔枝、鸡素果、石枣
科　　属	山茱萸科（Cornaceae）山茱萸属（*Cornus*）

[形态特征]

落叶灌木或小乔木，高达7 m。小枝细，绿色，后变褐色，光滑，嫩枝被白色短茸毛。叶片纸质，对生，卵形或卵状椭圆形，长5.5~12 cm，宽3~7 cm，表面浓绿色，疏生白柔毛，叶背面粉绿色，并在脉腋簇生白色柔毛；侧脉4~5对；叶柄长约1 cm，有毛。头状花序近球形，总苞片4，白色，花瓣状，卵形或卵状披针形；花萼筒状，4裂；花瓣4，黄色；雄蕊4。核果聚为球形的聚合果，肉质，成熟后变为紫红色，果序梗纤细。花期5~6月，果期7~8月。

[分布]

见于溧阳市南部山区，多生于山坡、沟谷或山顶林中、林缘；产于镇江、溧阳山区；分布于华东、华中以及内蒙古、山西、陕西、甘肃、四川、贵州和云南等地。

[特性]

中性偏阳性树种；喜温凉、湿润气候和酸性、微酸性土壤；耐寒、耐干旱、耐瘠薄。

[用途]

树形优美，可栽培供观赏；果实可生食或为酿酒原料。

[附注]

中国特有树种。《江苏植物志》（第3卷，P274）记载：

图64　四照花的枝叶（示叶对生，叶脉弧曲）

"南京、无锡、苏州等地有栽培。"而《江苏植物志》（下册，P588）记载："产句容宝华山。"在溧阳市戴埠镇山区发现有野生种分布。

八角枫

拉丁学名	*Alangium chinense*（Lour.）Harms
英文名称	Chinese Alangium
主要别名	华瓜木
科　　属	八角枫科（Alangiaceae）八角枫属（*Alangium*）

[形态特征]

　　落叶灌木或小乔木，高3~5 m；树皮淡灰色，平滑；枝条常水平开展，小枝"之"字形弯曲。叶片互生，纸质，卵形或圆形，长8~20 cm，宽7~10 cm，先端渐尖，基部偏斜，全缘或2~3裂，幼时两面均有疏柔毛，后仅脉腋有丛毛和沿叶脉有短柔毛；主脉4~6条。花8~30朵组成腋生2歧聚伞花序；花萼6~8裂，生疏柔毛；花瓣6~8，白色，条形，常外卷；雄蕊6~8，花丝短而扁，有柔毛，花药长为花丝的4倍。核果卵球形，长5~7 mm，熟时黑色。花期5~10月，果期7~11月。

[分布]

　　见于溧阳市的向阳山坡或林缘；产于连云港、仪征、扬州及苏南各县市；分布于长江流域及珠江流域各省区，非洲东部、东南亚以及印度、尼泊尔也有分布。

[特性]

　　阳性树种；对气候、土壤适应性强；耐干旱、瘠薄；对SO_2抗性强。

[用途]

　　叶形奇特，可栽培供观赏；木材可做胶合板、家具、

图65　八角枫的叶与核果（成熟时为黑色）

包装箱用材及纸浆原料；树皮纤维可做人造棉；根、茎、叶药用，能祛风除湿、散瘀止血；全株可作为杀灭蚜虫和菜青虫的土农药；嫩叶可作饲料。

[附注]

　　本种与毛八角枫（*Alangium kurzii*）较为相似，两者叶片基部均常偏斜。但

本种的叶先端常3~7裂，聚伞花序有花8~30朵，核果卵球形；而毛八角枫的叶先端常不裂；聚伞花序有花5~7朵，核果椭圆形。

三裂瓜木

拉丁学名	*Alangium platanifolium* var. *trilobum*（Miq.）Ohwi
英文名称	Three-lobed Planeleaf Alangium
主要别名	瓜木、八角枫
科　　属	八角枫科（Alangiaceae）八角枫属（*Alangium*）

[形态特征]

　　落叶小乔木或灌木。树皮光滑，浅灰色。叶互生，纸质，近圆形，长7~17 cm，宽6~14 cm，常3~5裂，稀7裂，先端渐尖，基部心形，裂片顶端长渐尖，边缘全缘，叶面深绿色，叶背淡绿色，幼时两面均有柔毛；主脉常3~5条。花3~5朵组成疏松的聚伞花序，花萼6~7裂；花瓣与萼片同数，白色或黄白色，条形，长约3 cm，花期卷曲；花丝微扁平，花柱无毛。核果卵形，长9~12 mm，萼齿宿存。花期6~7月，果期8~10月。

[分布]

　　见于溧阳市的向阳山坡或林缘；产于南京、溧阳、无锡等地；分布于辽宁、河北、山西、陕西、甘肃、山东、浙江、江苏、福建、台湾、江西、河南、湖北、贵州、四川和云南等省，朝鲜、日本也有分布。

[特性]

　　阳性树种；对气候、土壤适应性强；耐干旱瘠薄。

[用途]

　　树皮纤维为人造棉、造纸和制绳原料；茎、叶及根

图66 三裂瓜木的叶与核果（右上图）

主要含生物碱，能使肌肉松弛；也可做农药；树皮可提制栲胶。

[附注]

本种与八角枫（*Alangium chinense*）相似，但本种叶片心形或圆形，基部不偏斜，聚伞花序有花3~5朵。

棘茎楤木

拉丁学名	*Aralia echinocaulis* Hand.-Mazz.
英文名称	Spinystem Aralia
主要别名	刺茎楤木、棘茎木
科　属	五加科（Araliaceae）楤木属（*Aralia*）

[形态特征]

落叶小乔木，高达7 m；茎干密被黄褐色或紫红色的细长直刺，刺长7~14 mm。叶为2回羽状复叶，长35~50 cm或更长；叶柄长25~40 cm，疏生短刺；托叶和叶柄基部合生，栗色；羽片有小叶5~9，基部有小叶1对；小叶膜质至薄纸质，长圆状卵形至披针形，长4~11.5 cm，先端长渐尖，基部圆形至阔楔形，边缘疏生细锯齿，侧脉6~8对。圆锥花序大，长30~50 cm，顶生；主轴和分枝有糠屑状毛，后脱落；小伞形花序直径约1.5 cm，有花12~20，花梗长8~30 mm；雄全同株；花白色；萼无毛；花瓣5，白色，卵状三角形。果球形，有5棱，成熟时紫黑色。花期6~8月，果期9~11月。

[分布]

见于溧阳市的山坡林中或林缘；产于宜兴、溧阳等地；分布于安徽、浙江、福建、江西、湖北、湖南、广东、广西、贵州、云南、四川和云南等省区。

[特性]

阳性树种；对气候、土壤适应性强；耐干旱、瘠薄。

图 67　棘茎楤木的果序（果实熟时紫黑色）

[用途]

根皮入药，有活血破淤、清热解毒的功效。

[附注]

本种与湖北楤木（*Aralia hupehensis*）相似，主要区别在于本种的茎干密被细长直刺。

湖北楤木

拉丁学名	*Aralia hupehensis* G. Hoo
英文名称	Hupeh Aralia
主要别名	虎阳刺、海桐皮
科　　属	五加科（Araliaceae）楤木属（*Aralia*）

[形态特征]

落叶灌木或小乔木，高2~8 m。通常有刺。叶为2~3回羽状复叶，每1小叶轴分枝的基部有小叶1对；小叶纸质至薄革质，卵形、阔卵形或长卵形，长5~12 cm，宽3~8 cm，顶端渐尖，基部圆形，上面粗糙，疏生糙毛，下面有淡

图68　湖北楤木的顶生圆锥花序

黄色或灰色短柔毛，脉上更密，边缘有锯齿。伞形花序集生为大型圆锥花序，长30~60 cm，主轴与分枝被黄棕色短柔毛；花梗长4~6 mm，密生短柔毛，稀为疏毛；花绿白色，芳香；子房5室；花柱5，离生或基部合生。果实球形，熟时黑色。花期6~7月，果期8~10月。

[分布]

见于溧阳市的山地林缘或灌木丛中；产于苏南等地；分布于华东、华中及西

南各省区。

[特性]

阳性树种；对气候、土壤适应性强；耐干旱、瘠薄。

[用途]

种子含油量20%以上，可作油料树种或制肥皂；根皮可入药；嫩枝叶可作蔬菜。

[附注]

参考《中国植物志》（*Flora of China*）及《江苏植物志》（第3卷），楤木（*Aralia chinensis*）为本种的异名。

细柱五加

拉丁学名	*Eleutherococcus nodiflorus*（Dunn）S. Y. Hu
英文名称	Flower-on-node Eleutherococcus
主要别名	五加、白刺、白芦刺
科　　属	五加科（Araliaceae）五加属（*Eleutherococcus*）

[形态特征]

落叶灌木，高2~5 m，有时蔓生状。枝无刺或在叶柄基部单生扁平的刺。掌状复叶在长枝上互生，在短枝上簇生；小叶5，稀3~4，中央1片最大，倒卵形至披针形，长3~8 cm，宽1~3.5 cm，先端渐尖或钝，基部楔形，边缘有锯齿，两面无毛或叶脉疏生刚毛，下面脉腋有淡棕色毛。伞形花序单生于叶腋或短枝的顶端；花黄绿色；萼片边缘有5齿；花瓣5，黄绿色；雄蕊5；子房下位，2或3室；花柱2或3，丝状，分离至基部，开展。果实近球形，侧扁，成熟时黑色，直径5~6 mm。种子2颗。花期5月，果期10月。

图69　细柱五加的掌状复叶和伞形花序

[分布]

见于溧阳市的山坡林中或林缘；产于苏北和苏南各地；分布于华中、华东、华南和西南。

[特性]

对土壤要求不严，适应性强。

[用途]

根皮祛风湿，强筋骨，泡酒可制五加皮酒（或制成五加皮散）。

[附注]

中国特有树种。

常春藤

拉丁学名	*Hedera nepalensis* var. *sinensis*（Tobl.）Rehd.
英文名称	Chinese Ivy
主要别名	中华常春藤
科　　属	五加科（Araliaceae）常春藤属（*Hedera*）

[形态特征]

常绿攀援藤本，茎有气生根。一年生枝疏生锈色鳞片。叶片两形，革质，在不育枝上的叶片三角状卵形或戟形，长2~6 cm，宽1~3 cm，全缘或3裂；花枝上的叶片通常为椭圆状卵形至椭圆状披针形，长5~12 cm，宽2~6 cm，全缘或有1~3浅裂；叶柄细长，长1~5 cm，有鳞片，无托叶。伞形花序单个顶生，或2~7个总状排列或伞房状排列成圆锥花序，花淡黄白色，芳香；直径1.5~2.5 cm，有花5~40朵；总花梗长1~3.5 cm，通常有鳞片；苞片小，三角形，长1~2 mm；花梗长0.4~1.2 cm；花萼近全缘，有锈色鳞片；花瓣5；雄蕊5，花药紫色；子房5室，花柱全部合生成柱状。果实球形，熟时红色或黄色。花期8~9月，果期翌年4~5月。

[分布]

见于溧阳市各地；产于江苏各地；分布于华北、华东、华南及西南各省区。

[特性]

常攀援于林缘树木、林下路旁、岩石和房屋墙壁上；阴性植物，极耐阴，耐

图 70　常春藤的秋叶

寒性较强；喜阴湿的生长环境，对土壤要求不严，但适宜生长于疏松、肥沃、湿润及排水良好的砂质壤土。

[用途]

全株可供药用；庭院栽培可作荫蔽及观赏植物，为优良的垂直绿化树种和地被植物；茎叶含鞣酸，可提制栲胶；还可作蜜源植物。

[附注]

中国特有树种。

刺　楸

拉丁学名	*Kalopanax septemlobus*（Thunb.）Koidz.
英文名称	Septemlobate Kalopanax
主要别名	海桐皮、鸟不宿、秃楸、刺楸树
科　　属	五加科（Araliaceae）刺楸属（*Kalopanax*）

[形态特征]

落叶乔木，高10~15 m。枝干有粗大鼓钉状刺。单叶，纸质，叶在长枝上互生，短枝上簇生，直径9~25 cm，掌状5~7裂，裂片宽三角状卵形或长椭圆状卵形，先端渐尖，边缘有细锯齿，上面无毛，下面幼时有短柔毛，叶柄长6~30 cm。复伞形花序聚生，呈圆锥花序状，大而顶生，长15~25 cm；花白色或淡黄绿色；子房下位，2室；花柱2，合生成柱状，先端分离。核果球形，成熟时蓝黑色，直径约5 mm。种子2颗，扁平。花期7~8月，果期10~11月。

[分布]

见于溧阳市山地疏林中；产于江苏各地，常有栽培；分布于华东、华中、华南、西南、华北及东北各省区，朝鲜、俄罗斯和日本也有分布。

[特性]

阳性树种；浅根系；速生树种，根蘖性强；对气候、土壤要求不严；抗火、滞尘能力强。

[用途]

木材优良，为家具和建筑用材；可作行道树、庭荫树和防火林带树种；种子含油量约38%，可榨油供工业用；树皮及叶含鞣质；嫩叶可食；根皮及枝入药，有清热祛痰、收敛镇痛之功效；为优良的蜜源植物。

图71 刺楸的枝和叶

[附注]

本种为落叶乔木，植株与楸树（*Catalpa bungei*）较相似，但茎干有刺，故名"刺楸"。

忍 冬

拉丁学名	*Lonicera japonica* Thunb.
英文名称	Japanese Honeysuckle
主要别名	金银花、二宝花、金银藤、山银花
科　　属	忍冬科（Caprifoliaceae）忍冬属（*Lonicera*）

[形态特征]

半常绿缠绕藤本。幼枝密生柔毛和腺毛，小枝髓心逐渐变为中空。单叶，对生，纸质，宽披针形至卵状椭圆形，长3~8 cm，顶端短渐尖至钝，基部圆形至近心形，幼时两面有毛，后上面无毛。总花梗单生于小枝上部叶腋；苞片大，叶状，长达2 cm；萼筒无毛；花冠长3~4 cm，先白色略带紫色，后转黄色，芳香，外面有柔毛和腺毛，二唇形，上唇具4裂片而直立，下唇反转，约等长于花冠筒；雄蕊5，和花柱均稍超过花冠。浆果球形，熟时蓝黑色。花期4~6月，果期10~11月。

[分布]

见于溧阳市各地，生于路旁、山坡灌木丛或疏林中；产于江苏各地，常有栽培；除黑龙江、内蒙古、宁夏、青海、新疆、海南和西藏外，全国其他省区均有分布，朝鲜和日本也有分布，在北美有逸生。

图 72　忍冬（示缠绕藤本）

[特性]

阳性树种，稍耐阴；耐寒、耐旱、耐水湿；生长较快，萌芽力和萌蘖性强，茎着地易生根；对土壤适应性较强，但适宜于肥沃、湿润的砂质壤土中生长。

[用途]

为重要的观赏植物，可用于垂直绿化；花蕾入药，可清热解毒；茎、叶可代茶；花含芳香油，可作蜜源植物。

[附注]

山银花（*Lonicera confusa*）近本种，也作"金银花"用。但其萼筒密生小硬毛，苞片不为叶状；产于广东，江苏不产，可与本种区别。

金银木

拉丁学名	*Lonicera maackii*（Rupr.）Maxim.
英文名称	Amur Honeysuckle
主要别名	金银忍冬、鸡骨头、胯把树
科　　属	忍冬科（Caprifoliaceae）忍冬属（*Lonicera*）

[形态特征]

落叶灌木，高达6 m。幼枝具微毛，小枝开展，髓心中空。叶片纸质，圆形至椭圆状卵形，长5~8 cm，顶端渐尖，两面脉上有毛；叶柄长3~5 mm。总花梗短于叶柄，具腺毛；苞片线形，长约3 mm，小苞片2个合生；萼齿紫红色；花冠先白后黄色，长达2 cm，芳香，外面下部疏生微毛，唇形，花冠筒2~3倍短于唇瓣；雄蕊5，与花柱均短于花冠；子房离生或基部稍合生。浆果红色，直径5~6 mm。种子具小浅凹点。花期4~5月，果期8~10月。

[分布]

见于溧阳市山区，生于山坡、路旁；产于江苏各地，常有栽培；分布于东北、华中、西南以及河北、山西、陕西、甘肃、山东、江苏、安徽和浙江等省区，朝鲜、日本和俄罗斯也有分布。

[特性]

阳性树种，稍耐阴；耐寒、耐旱、耐水湿；对土壤适应性较强，但适宜于肥沃、湿润的砂质壤土生长。

[用途]

作庭院绿化树种；茎皮可制人造棉；花可提取芳香油；种子油可制肥皂；嫩叶及花可作茶叶或食用。

[附注]

本种的花与忍冬（*Lonicera japonica*）较为相似，开花时花冠均先白后黄，但本种为落叶灌木，故名"金银木"。

图73 金银木的枝叶与浆果

荚　蒾

拉丁学名	*Viburnum dilatatum* Thunb.
英文名称	Linden Viburnum
主要别名	短柄荚蒾、庐山荚蒾、黄褐茸毛荚蒾
科　　属	忍冬科（Caprifoliaceae）荚蒾属（*Viburnum*）

[形态特征]

　　落叶灌木，高达3 m。嫩枝有黄色或黄绿色星状毛。叶片纸质，宽倒卵形至椭圆形，长3~9 cm，宽3~5 cm，顶端渐尖至骤尖，基部圆形至近心形，边缘有尖锐锯齿，上面疏生柔毛，下面近基部两侧有少数腺体和多数细小腺点，脉上常生柔毛或星状毛，侧脉6~8对，直达齿端；叶柄长1~1.5 cm。复伞形式聚伞花序稠密，直径4~10 cm；萼筒长约1 mm，有毛至仅具腺点；花冠白色，辐状，长约2.5 mm，无毛至生疏毛；雄蕊5，长于花冠。核果红色，宽卵圆形，长约7~8 mm；核扁，背具2、腹具3浅槽。花期5~6月，果期9~11月。

[分布]

　　见于溧阳市山区，生于山坡、林缘或灌木丛中；产于江苏各地；分布于华东、华中以及河北、陕西、广东、广西、四川、贵州及云南等省区，日本和朝鲜也有分布。

[特性]

　　阳性树种，喜光，稍耐阴；对气候、土壤适应性强，耐干旱、瘠薄。

[用途]

　　枝叶扶疏，果实红艳，可栽培作庭院观赏树种；韧皮纤维可制绳和人造棉；种子可制肥皂和润滑油；果可食，也可酿酒。

[附注]

　　本种的叶形和毛被情况存在一定的变异，但幼枝被毛，叶背散生腺点。

图74　荚蒾的核果

宜昌荚蒾

拉丁学名	*Viburnum erosum* Thunb.
英文名称	Littleleaf Viburnum
主要别名	糯米条子、野球花
科　　属	忍冬科（Caprifoliaceae）荚蒾属（*Viburnum*）

[形态特征]

　　落叶灌木，高达3 m。幼枝密被星状毛和柔毛，冬芽小而有星状毛，具2对外鳞片。叶片卵形至卵状披针形，长3~7 cm，宽2~5 cm，顶端渐尖，基部常心形，边缘有尖齿，上面疏生有瘤基的叉毛，下面星状毛较密，近基部两侧有少数腺体；侧脉6~9对，伸达齿端；叶柄长3~5 mm，基部有2枚宿存、钻形小托叶。复伞形式聚伞花序生于具1对叶的侧生短枝之顶，有毛，直径2~4 cm；萼筒长约1.5 mm，5萼齿微小，二者均密生星状毛；花冠白色，长约3 mm，辐状，裂片稍长于花冠筒；雄蕊5，稍短至等长于花冠。核果卵形，长约7 mm，红色；核扁，背具2浅槽，腹具3浅槽。花期4~5月，果期8~10月。

[分布]

　　见于溧阳市山区，生于山坡林下；产于苏南各地；分布于山东、河南、江苏、浙江、福建、江西、安徽、陕西、湖北、湖南、四川、贵州、广东、广西和云南等省区，日本和朝鲜也有分布。

图75　宜昌荚蒾的核果

[特性]

　　阳性树种，喜光，稍耐阴；对气候、土壤适应性强，耐干旱、瘠薄。

[用途]

　　可栽培作观赏树种；茎皮纤维可制绳和造纸；种子可制肥皂和润滑油；枝条可供编织用；种子含油约40%，可制肥皂和润滑油。

[附注]

　　本种与荚蒾（*Viburnum dilatatum*）较为相似，但本种有小托叶。

饭汤子

拉丁学名	*Viburnum setigerum* Hance
英文名称	Tea Viburnum
主要别名	茶荚蒾、刚毛荚蒾、糯米树
科　　属	忍冬科（Caprifoliaceae）荚蒾属（*Viburnum*）

[形态特征]

落叶灌木，高达3 m。芽和叶干后变黑色。幼枝无毛，小枝淡黄色，后为灰褐色，冬芽长达6 mm，具2对外鳞片，外面1对长0.5~0.7 cm。叶片纸质，卵状矩圆形，长7~12 cm，宽2~4 cm，顶端渐尖，基部圆形，表面暗绿色，无毛，背面主脉及侧脉都有绢状长伏毛；侧脉6~8对，近平行而直，伸达齿端。复伞形式聚伞花序，直径2.5~3.5 cm，常弯垂；苞片线形，膜质，早落；花冠白色，长约2.5 mm，辐状，裂片长于花冠筒；雄蕊5，长为花冠之半至等长。核果球状卵形，红色；核扁，长8~10 mm，腹面有2沟槽。花期4~5月，果期9~10月。

[分布]

见于溧阳市山区，生于山坡林下或路旁；产于南京、句容、溧阳、宜兴等地；分布于华东以及陕西、湖北、湖南、四川、贵州、广东、广西、云南等省区。

图76　饭汤子的枝叶与聚伞花序

[特性]

阳性树种，喜光，稍耐阴；对气候、土壤适应性强，耐寒性强。

[用途]

花、果美观，庭院栽培可供观赏；根和果实可入药；种子可榨油供工业用；果实榨汁可制酒。

[附注]

中国特有树种。

牛鼻栓

拉丁学名	*Fortunearia sinensis* Rehd. et Wils.
英文名称	Chinese Fortunearia
主要别名	牛鼻栋、福穹木
科　　属	金缕梅科（Hamamelidaceae）牛鼻栓属（*Fortunearia*）

[形态特征]

落叶灌木或小乔木，高达9 m。小枝和叶柄有星状柔毛；老枝秃净无毛，有稀疏皮孔。叶片纸质，倒卵形或倒卵状椭圆形，长7~16 cm，宽4~10 cm，顶端渐尖，基部圆形或截形，上面深绿色，下面浅绿色，脉上有长毛；边缘有不规则波状锯齿；叶脉伸入齿尖，呈刺芒状，侧脉6~10对。两性花和雄花同株；花萼5裂，外被星状毛；雄花排列成柔荑状，雄蕊5，花药红色；花柱2，外曲，淡红色。蒴果卵圆形，长1.5 cm，木质，无毛，密布白色皮孔，室间及室背开裂。种子卵圆形，褐色，有光泽。花期3~4月，果期7~8月。

[分布]

见于溧阳市山坡杂木林中；产于徐州、连云港、南京、句容、溧阳、宜兴、苏州和无锡等地；分布于陕西、河南、四川、湖北、安徽、江苏、江西、福建及浙江等省。

[特性]

阳性树种，稍耐阴；耐寒、耐旱、耐瘠薄，不耐水湿；对土壤要求不严，酸性、中性、石灰质及微碱性土壤中均能生长；根系发达，生长较快。

[用途]

木材坚韧，常用来制牛鼻栓；种子可榨油。

[附注]

中国特有树种。

图77　牛鼻栓的木质蒴果

枫　香

拉丁学名	*Liquidambar formosana* Hance
英文名称	Beautiful Sweetgum
主要别名	枫香树、路路通、枫树、九空子
科　　属	金缕梅科（Hamamelidaceae）枫香树属（*Liquidambar*）

图78　枫香的秋叶

[形态特征]

落叶乔木，高可达40 m。树干挺直。老树皮灰褐色，方块状剥落；幼树或中年树皮浅纵裂。叶片纸质，常为掌状3裂，萌芽枝的叶片常为5~7裂，长6~12 cm，宽9~17 cm；掌状脉5~7；叶片边缘有锯齿；叶柄长达11 cm，常有短柔毛；托叶线形，红褐色，被毛，早落。雄花常排成总状花序，雄蕊多数；雌花排成头状花序，有花24~43朵，花序柄长3~6 cm；萼齿4~7，针形，长4~8 mm；子房半下位，2室；胚珠多数，花柱2。头状果序球形，木质，直径3~4 cm，下垂；蒴果下半部藏于花序轴内，有宿存花柱及针刺状萼齿。种子多数，褐色，多角形或有窄翅。花期4~5月，果期10月。

[分布]

见于溧阳市平原、丘陵或山坡；产于连云港、南京、句容、溧阳、宜兴、苏州、无锡和常熟等地；分布于我国多个省区，北起河南、山东，东至台湾，西至四川、云南及西藏，南至广东，越南、老挝和朝鲜也有分布。

[特性]

阳性树种，稍耐阴；喜温暖湿润气候，耐寒、耐旱、耐瘠薄，不耐水湿；对土壤要求不严，适宜于深厚、疏松、富含腐殖质的土壤中生长；萌芽力强，幼年生长缓慢，壮年生长迅速；抗风力强，耐火烧，对SO_2、Cl_2抗性较强。

[用途]

树脂供药用，能解毒止痛；根、叶及果实可入药；木材稍坚硬，可制家具及贵重商品的装箱；入秋叶色变红，可作为秋色叶观赏树种；树皮可制栲胶。

[附注]

中医认为，本种干燥果序入药，有祛风活络、利水、通经的作用，故名"路路通"。

檵 木

拉丁学名	*Loropetalum chinense*（R. Br.）Oliv.
英文名称	Chinese Loropetalum
主要别名	檵木条、檵花
科　　属	金缕梅科（Hamamelidaceae）檵木属（*Loropetalum*）

[形态特征]

落叶灌木，稀为小乔木，高达12 m，径30 cm。小枝有锈色星状毛。叶片革质，卵形，长2~5 cm，宽1.5~2.5 cm，顶端尖锐，基部偏斜而圆，全缘，下面密被星毛，稍带灰白色，侧脉约5对；叶柄长2~5 mm。托叶膜质，三角状披针形，长3~4 mm，宽1.5~2 mm，早落。花3~8朵簇生，有短花梗，白色，比新叶先开放，或与嫩叶同时开放；花序柄长约1 cm，被毛；苞片线形；萼筒杯状，被星状毛；萼齿卵形；花瓣白色，4片，线形，长1~2 cm；雄蕊4，花丝极短，退化雄蕊与雄蕊互生，鳞片状。蒴果褐色，卵圆形，长7~8 mm，先端圆，被星状毛，2瓣裂，每瓣2浅裂。种子长卵形，黑色，发亮。花期5月，果期8月。

[分布]

见于溧阳市的丘陵或山坡；产于句容、溧阳、宜兴、苏州、无锡等地；分布

图79　檵木的蒴果（示已成熟开裂）与白色花瓣（右下图）

于华东、南部及西南各省区，日本和印度也有分布。

[特性]

阳性树种，稍耐阴；耐寒、耐旱；喜肥沃和排水良好的酸性或微酸性土壤；萌芽力强，耐修剪，根系发达。

[用途]

木材坚实耐用；可栽培作绿化或盆景植物；根、叶、花和果可供药用；枝和叶含鞣质，可制栲胶。

[附注]

本种常用作红花檵木（*Loropetalum chinense* var. *rubrum*）的砧木。

响叶杨

拉丁学名	*Populus adenopoda* Maxim.
英文名称	Chinese Aspen
主要别名	圆叶白杨、风响树、白杨、山白杨
科　　属	杨柳科（Salicaceae）杨属（*Populus*）

[形态特征]

落叶乔木，高达30 m。树冠卵圆形。树皮灰白色，幼时光滑，有菱形皮孔。小枝被柔毛。叶片卵状，长5~8 cm，宽4~6 cm，顶端渐尖或尾尖，基部截形或心形，边缘锯齿内弯有腺体，背面灰绿色，幼时密生短柔毛；叶柄扁，顶端有2显著腺体；托叶线形，早落。雄花序长6~10 cm，雄蕊7~9，苞片掌状深裂，边缘有长睫毛；雌花序长5~6 cm，花轴密生短柔毛；子房长卵形，柱头4裂。果序长12~16 cm，蒴果长卵圆形，2裂，有短柄，种子基部有白色长毛。花期3月，果期4~5月。

图80　响叶杨的细长果序（种子有长毛）

[分布]

见于溧阳市山地；产于南京、句容、溧阳、宜兴等地；分布于西北、华东、华中、西南等省区的丘陵地区。

[特性]

阳性速生树种；喜光、喜温暖气候，不耐寒冷；对土壤要求不严，适宜于土层深厚处生长。

[用途]

可作绿化造林树种；木材供建筑、器具、造纸等用；叶可作饲料。

[附注]

我国特有速生树种。

锥　栗

拉丁学名	*Castanea henryi*（Skan）Rehd. et Wils.
英文名称	Henry Chestnut
主要别名	珍珠栗、尖栗
科　　属	壳斗科（Fagaceae）栗属（*Castanea*）

[形态特征]

落叶乔木，高达30 m。树干直。小枝带紫褐色，光滑无毛。叶成2列，披针形至卵状披针形，长12~17 cm，宽2~5 cm，顶端渐尖，通常呈尾状，基部圆形或楔形，边缘有刚毛状锯齿，齿端芒尖，两面无毛，侧脉13~16对，直达齿端；叶柄长1~1.5 cm。雄花序穗伏，直立，生于枝条下部叶腋；雌花序穗状，生于上部叶腋。壳斗球形，连刺直径3~3.5 cm，刺的基部有毛；坚果单生，卵形，顶端

图81　锥栗的枝叶与壳斗

尖，直径1.5~2 cm。花期5~7月，果期9~10月。

[分布]

见于溧阳市山区，生于土质疏松、排水良好的向阳山地；产于苏南山区；分布于长江流域及以南各省区。

[特性]

阳性树种，幼树稍耐阴；喜温暖湿润气候，耐寒性强；适宜深厚、湿润、富含有机质且排水良好的酸性或中性土壤。

[用途]

种子含淀粉，可生食或酿酒；壳斗、树皮和木材均含鞣质；木材坚固耐湿，可作枕木和建筑用材。

[附注]

中国特有速生树种。

板　栗

拉丁学名	*Castanea mollissima* Bl.
英文名称	Chinese Chestnut
主要别名	栗、板栗壳、板栗树、大栗
科　　属	壳斗科（Fagaceae）栗属（*Castanea*）

图82　板栗的枝叶与壳斗

[形态特征]

落叶乔木，高达20 m。树皮深灰色。小枝有短毛或散生长茸毛，无顶芽。叶片椭圆至长圆形，长11~17 cm，宽4~6 cm，先部短至渐尖，基部近截平或圆，常一侧斜而不对称，边缘有锯齿，齿端芒尖，背面有灰白色星状短茸毛或长单毛；叶柄长1~2 cm。雄花序直立，长10~20 cm，花序轴被毛，生于枝条上部；雌花集生于雄花序基部。壳斗球形；苞片针刺形，刺密生细毛；坚果半球形或扁球形，通常2个，暗褐色，较大，直径2~3 cm。花期5月，果期9~10月。

[分布]

见于溧阳市山区，多有栽培；产于苏南山区，宜兴、溧阳、苏州等地，普遍栽培；除青海、宁夏、新疆、海南等少数省区外，在我国南北各地广泛分布，朝鲜也有分布。

[特性]

中性树种，幼树较耐阴；喜温暖湿润气候，耐寒性强；适宜深厚、湿润、富含有机质且排水良好的酸性或中性土壤；深根系，生长速度中等，寿命长。

[用途]

坚果甜美，富有营养，生、熟都可食；木材纹理直，坚硬、耐水湿，属优质材；叶可作蚕饲料。

[附注]

中国特有树种。在溧阳市龙潭林场有全国板栗良种基地，现有200余种板栗优良品种（系）。

茅 栗

拉丁学名	*Castanea seguinii* Dode
英文名称	Seguin Chestnut
主要别名	野栗子、毛栗
科　　属	壳斗科（Fagaceae）栗属（*Castanea*）

[形态特征]

落叶小乔木，常成灌木状，通常高2~5 m，稀达12 m。小枝无顶芽，暗褐色，有短茸毛。叶片长椭圆形或椭圆状倒卵形，长6~14 cm，宽4~5 cm，边缘有锯齿，顶部渐尖，基部对称至一侧偏斜，叶背有黄或灰白色鳞片状腺点，幼嫩时沿叶背脉两侧有疏单毛，叶柄长5~15 mm。雄花序长5~12 cm，直立，有花3~5朵；雌花序常生于雄花序基部。壳斗近球形，苞片针刺状，刺上有疏柔毛，通常有坚果3

个，坚果较小，扁球形，直径1~1.5 cm，褐色。花期5~7月，果期9~11月。

[分布]

　　见于溧阳市山区；产于连云港、盱眙及苏南各县市；分布于华东（山东和台湾除外）、华中，以及山西、陕西、广东、广西、贵州、四川和云南等省区。

[特性]

　　阳性树种；喜光、喜温、耐干旱，少病虫害。

[用途]

　　木材坚硬耐用，可制作农具和家具；坚果含淀粉，可生、熟食和酿酒；苗可作板栗的砧木；壳斗和树皮含单宁酸，可作丝绸的黑色染料。

[附注]

　　中国特有树种。

图 83　茅栗的枝叶与壳斗

苦　槠

拉丁学名	*Castanopsis sclerophylla*（Lindl.）Schott.
英文名称	Bitter Evergreenchinkapin
主要别名	苦槠栲、血槠、苦槠子
科　　属	壳斗科（Fagaceae）锥属（*Castanopsis*）

[形态特征]

　　常绿乔木，高达20 m。树皮深灰色，纵裂，片状剥落。小枝灰色，散生皮孔，当年生枝红褐色，略具棱，枝、叶均无毛。叶片革质，椭圆形或椭圆状卵形，长7~15 cm，宽3~6 cm，顶部渐尖或短尖，基部楔形或圆形，叶缘在中部以上有锐锯齿，中脉在叶面至少下半段微凸起，上半段微凹陷，背面苍白色，螺旋状排列。花序轴无毛，雄穗状花序通常单穗腋生，雄蕊10~12；雌花序柔荑状，长达15 cm。壳斗杯形，全包或包着坚果的大部分，径12~15 mm；苞片三角形，顶端针刺形，排列成4~条同心环带；坚果褐色，有细毛，近圆球形，顶部短尖。花期5月，果当年10月成熟。

[分布]

见于溧阳市南部山区；产于苏南山区；分布于长江以南五岭以北各地，西南地区仅见于四川东部及贵州东北部。

[特性]

中性偏阳性树种；适应性强，对土壤要求不严，喜阳光充足，耐干旱、瘠薄；萌芽力、抗火性强。

[用途]

种仁可制粉条和豆腐，制成的豆腐称为苦槠豆腐；木材淡棕黄色，较密致、坚韧、富于弹性，供建筑、机械等用；可作材用或绿化观赏树种。

[附注]

中国特有树种。

图84　苦槠的枝叶（示中部以上有锐锯齿）

青　冈

拉丁学名	*Cyclobalanopsis glauca*（Thunb.）Oerst.
英文名称	Blue Japanese Oak
主要别名	铁椆、青冈栎、槠
科　　属	壳斗科（Fagaceae）青冈属（*Cyclobalanopsis*）

[形态特征]

常绿乔木，高达20 m。树皮淡灰色。小枝及芽无毛。叶片革质，椭圆形或椭圆状卵形，长6~13 cm，宽2~5.5 cm，顶端尖，基部圆形或楔形，叶缘中上部有锯齿，侧脉每边9~13条，叶背面灰白色，有整齐平伏白色单毛，老时渐脱落，叶柄长1~3 cm。雄花序长5~6 cm，雄蕊通常6，花序轴被苍色茸毛；雌花侧生。壳斗碗形，包围坚果1/3~1/2，直径约1 cm；苞片合生成5~6条同心环带；坚果

图 85　青冈的叶与坚果（示壳斗碗形）

卵形，稍带紫黑色，直径0.9~1.4 cm，无毛或被薄毛，果脐隆起。花期4月，果期10月。

[分布]

见于溧阳市南部山区；产于南京、扬州、镇江、南通、常州、无锡、苏州；分布于陕西、甘肃、江苏、安徽、浙江、江西、福建、台湾、河南、湖北、湖南、广东、广西、四川、贵州、云南、西藏等省区，日本、朝鲜、越南、不丹、尼泊尔、印度和阿富汗也有分布。

[特性]

中性偏阳性树种；深根系；对土壤要求不严，耐干旱、瘠薄；萌蘖性强，抗风、抗火性强；对SO$_2$、HF抗性强，吸收臭氧能力强。

[用途]

枝叶茂盛，可作绿化观赏树种；木材坚韧，为建筑、车辆用材；种子含淀粉，可酿酒或作饲料；壳斗、树皮含鞣质，可制栲胶。

[附注]

本种为亚热带常绿阔叶林的代表性建群种之一。

小叶青冈

拉丁学名	*Cyclobalanopsis myrsinifolia*（Bl.）Oerst.
英文名称	Myrsinaleaf Oak
主要别名	青椆、青栲、黑栎
科　　属	壳斗科（Fagaceae）青冈属（*Cyclobalanopsis*）

[形态特征]

常绿乔木，高20 m，胸径达1 m。小枝无毛，被凸起淡褐色长圆形皮孔。叶片卵状披针形或椭圆状披针形，长6~11 cm，宽1.8~4 cm，顶端长渐尖或短尾状，基部楔形或近圆形，叶缘中部以上有细锯齿，侧脉每边9~14，常不达

图86　小叶青冈的枝叶与叶背面（左下图，示粉白色）

叶缘，叶背支脉不明显，叶面绿色，叶背粉白色，干后为暗灰色，无毛；叶柄长1~2.5 cm，无毛。雄花序长4~6 cm；雌花序长1.5~3 cm。壳斗半球形，包围坚果1/3~1/2，直径1~1.8 cm，高5~8 mm，壁薄而脆，内壁无毛，外壁被灰白色细柔毛；小苞片合生成6~9条同心环带，环带全缘。坚果卵形，无毛，顶端圆，果脐平。花期4~6月，果期10月。

[分布]

见于溧阳市南部山区；产于苏州、宜兴和溧阳；分布于陕西、河南、安徽、浙江、福建、台湾、江西、湖北、湖南、广东、广西、四川、贵州、云南等省区，越南、老挝、日本也有分布。

[特性]

阳性树种，较耐阴；对土壤要求不严；萌蘖性强；深根系树种。

[用途]

木材坚硬，不易开裂，富弹性，能受压，为枕木、车轴的良好材料；种子含淀粉，可酿酒或作饲料。

[附注]

《中国植物志》（第22卷，P325）记载，本种学名为*Cyclobalanopsis myrsinaefolia*，但据*Flora of China*(Vol.4, P398)，其学名应该为*Cyclobalanopsis myrsinifolia*。

石　栎

拉丁学名	*Lithocarpus glaber*（Thunb.）Nakai
英文名称	Glabrous Tanoak
主要别名	柯、椆、珠子栎
科　　属	壳斗科（Fagaceae）柯属（*Lithocarpus*）

[形态特征]

常绿乔木，高达15 m。小枝密被灰黄色茸毛。叶片椭圆形或椭圆状卵形，革质或厚纸质，长6~14 cm，宽2.5~5.5 cm，顶端渐尖，基部楔形，全缘，少数近顶端有2~4个浅裂齿，表面深绿色，背面略带灰白色，侧脉6~10对；叶柄长1~2 cm。雄穗状花序多排成圆锥花序或单穗腋生，长达15 cm；雌花序常着生少数雄花，雌花常3朵一簇，花柱1~1.5 mm。果序轴通常被短柔毛；壳斗浅杯状，包围坚果1/4；苞片鳞片形；坚果长椭圆形，直径1.4~2.1 cm，紫褐色，略有白粉，暗栗褐色；果脐凹陷，与壳斗分离。花期8~9月，果翌年9~10月成熟。

[分布]

见于溧阳市南部山区；产于江苏南部丘陵山区；分布于河南、安徽、浙江、江西、福建、湖北、湖南、广东、广西、香港、贵州及四川，日本也有分布。

[特性]

中性偏阳性树种，幼树耐阴，大树喜光；深根系树种，萌芽力较强；喜温暖湿润气候，但耐干旱、瘠薄；喜酸性土壤，但在石灰土、紫色土上也能生长；抗火性强，生长速度中等。

[用途]

为水土保持、水源涵养、防火林带的造林树种，也可作庭院观赏树种；材质

图 87　石栎的植株

颇坚重，结构略粗，不甚耐腐，适作家具、农具等材。果实含淀粉和脂肪，可酿酒；树皮、壳斗含鞣质。

[附注]

本种耐寒性较强，常为常绿、落叶阔叶混交林中乔木层的优势种之一。

麻 栎

拉丁学名	*Quercus acutissima* Carr.
英文名称	Sawtooth Oak
主要别名	橡碗树、栎树、北方麻栎
科　　属	壳斗科（Fagaceae）栎属（*Quercus*）

[形态特征]

落叶乔木，高15~20 m。树皮暗灰色，浅纵列。幼枝有黄色茸毛，后脱落。叶片椭圆状披针形，长9~16 cm，宽3~4.5 cm，先端渐尖，基部圆或宽楔形，边缘具芒状锯齿，背面幼时有短茸毛，后脱落，仅在脉腋有毛；叶柄长2~3 cm。雄花序为下垂的柔荑花序，花被杯状，雄蕊常6；雌花单生于总苞内，柱头侧生，带状。壳斗杯形，包围坚果约1/2，直径2~3 cm，高约1 cm；苞片披针形至狭披针形，反曲，有灰白色茸毛；坚果卵状球形至长卵形，直径1.5~2 cm，长约2 cm；果脐突起。花期4月，果翌年10月成熟。

[分布]

见于溧阳市的丘陵山地；产于江苏境内的丘陵山地；分布于华东、华中、华南以及辽宁、河北、山西、陕西、湖南、贵州、四川、云南等省区，朝鲜、日本、越南、柬埔寨、泰国、缅甸、不丹、尼泊尔及印度也有分布。

图88　麻栎的杯形壳斗（示苞片反曲）

[特性]

　　阳性树种；喜温暖湿润气候；对土壤适应性强，但不耐盐碱，耐寒、耐干旱、瘠薄；深根系，萌蘖力、抗风力强；对SO_2、HF抗性强。

[用途]

　　绿化和材用树种；木材坚硬、耐磨，供机械用材；种子可提取淀粉；种子、叶、树皮供药用。

[附注]

　　为溧阳市境内亚热带落叶阔叶林的主要优势种之一。

槲　栎

拉丁学名	*Quercus aliena* Blume
英文名称	Sawtooth Oak
主要别名	大槲树
科　属	壳斗科（**Fagaceae**）栎属（*Quercus*）

图 89　槲栎的枝叶

[形态特征]

　　落叶乔木，高达20 m。树皮灰色，较厚，深纵裂。小枝无毛，有条沟。叶片椭圆状倒卵形，长10~20 cm，宽5~8 cm，顶端钝或微尖，基部楔形，边缘有10~15个波状钝齿，背面密生灰白色星状细茸毛，后渐稀疏；叶柄长1~3 cm，无毛。雄花序为下垂的柔荑花序，花被杯状，雄蕊常6；雌花单生于总苞内，柱头侧生，带状。壳斗杯形，包围坚果约1/2，直径1.2~2 cm，外被紧密鳞状苞片；坚果椭圆形，上部较平，直径1.3~1.8 cm；果脐略隆起。花期4月，果期10月。

[分布]

见于溧阳市的丘陵山区；产于江苏境内平原以外的各地；分布于辽宁、河北、山东、河南、陕西、安徽、浙江、江西、湖北、湖南、贵州、广东、广西、四川和云南，朝鲜、日本也有分布。

[特性]

阳性树种，稍耐阴；喜温暖湿润气候，耐寒性强；对土壤要求不严，但适宜于深厚、肥沃、排水良好的土壤中生长。

[用途]

树形端正，树干挺直，可作庭荫树、行道树；种子含淀粉，可酿酒和食用；木材坚硬，可供建筑、家具用材。

[附注]

本种与白栎（*Quercus fabri*）相似，但本种的叶片先端钝圆，叶缘具波状钝齿，叶背面淡黄绿色，被稀疏星状毛。

白　栎

拉丁学名	*Quercus fabri* Hance
英文名称	Faber Oak
主要别名	小白栎
科　　属	壳斗科（Fagaceae）栎属（*Quercus*）

[形态特征]

落叶乔木或灌木状，高达20 m。树皮灰白色，浅纵裂。小枝密生灰褐色茸毛及条沟。叶片倒卵形或椭圆状倒卵形，长7~15 cm，宽3~8 cm，顶端钝尖，基部窄楔形，叶缘具波状钝锯齿6~10个，背面有灰黄色星状毛；叶柄短，长3~5 mm，被棕黄色茸毛。雄花序长

图90　白栎的秋叶

6~9 cm，花序轴被茸毛；雌花序长1~4 cm，生2~4朵花。壳斗杯形，包围坚果约1/3，直径约1 cm，高4~8 mm。苞片鳞片状，排列紧密，在口缘处稍伸出。坚果长椭圆形或卵状长椭圆形，直径0.7~1.2 cm，长1.7~2 cm，无毛，果脐突起。花期4月，果期10月。

[分布]

见于溧阳市的丘陵山区；产于江苏境内平原以外的各地；分布于陕西、江苏、安徽、浙江、江西、福建、河南、湖北、湖南、广东、广西、四川、贵州、云南等省区。

[特性]

阳性树种，喜光；对气候、土壤要求不严；耐瘠薄，适应性强。

[用途]

木材坚硬，可做器具及薪炭；种子含淀粉，可酿酒和食用；壳斗和树皮可提制栲胶。

[附注]

中国特有树种。

短柄枹树

拉丁学名	*Quercus serrata* var. *brevipetiolata*（DC.）Nakai
英文名称	Short Stipes Oak
主要别名	短柄枹栎、短柄枹
科　　属	壳斗科（Fagaceae）栎属（*Quercus*）

[形态特征]

落叶乔木，高达25 m。幼枝略有毛，不久变无毛。叶片长椭圆状倒披针形至长椭圆状倒卵形，集生在小枝顶端，长7~15 cm，宽3~8 cm，先端渐尖或急尖，基部楔形或圆形，边缘有内弯浅腺齿，幼时被毛，老时上面脱净或疏生柔毛，下面疏生紧贴的灰白色柔毛或近无毛，侧脉7~12对；叶柄较短或近无柄，长2~5 mm。壳斗杯形，包围坚果1/4~1/3，直径1~1.2 cm，高5~8 mm；苞片小，三角形；坚果卵形至椭圆形，直径0.8~1.2 cm，长1.7~2 cm。花期4月，果期10月。

[分布]

见于溧阳市的丘陵山区；产于江苏各地的丘陵山地；分布于华东、华中以及辽宁、山西、陕西、甘肃、广东、广西、四川和贵州，朝鲜、日本也有分布。

[特性]

阳性树种，喜光；对气候、土壤要求不严；耐瘠薄，萌蘖性强。

图91 短柄枹树的叶与坚果（示壳斗杯形）

[用途]

种子含淀粉；树皮、壳斗含鞣质；木材坚硬，宜作器具和车轮用材。

[附注]

本种在溧阳市山区，有时因人为破坏而呈灌木状。在《江苏植物志》（下册，P50）中，本种学名曾为*Quercus glandulifera* var. *brevipetiolata* (DC.) Nakai。

栓皮栎

拉丁学名	*Quercus variabilis* Bl.
英文名称	Utility Oak
主要别名	软木栎
科　　属	壳斗科（Fagaceae）栎属（*Quercus*）

[形态特征]

落叶乔木，高达25 m。树皮灰褐色，深纵裂，木栓层厚而软，深褐色。小枝灰棕色，无毛。叶片椭圆状披针形或椭圆状卵形，长8~15 cm，宽2~5 cm，顶端渐尖，基部圆形或宽楔形，边缘具刺芒状锯齿，老叶背面密被灰白色星状茸毛，侧脉每边9~18条，直达齿端；叶柄长1.5~2.5 cm，无毛。雄花序为下垂的柔荑花序，花被杯状，雄蕊常6；雌花单生于总苞内，柱头侧生，带状。壳斗杯形，几

图92　栓皮栎的树皮和枝叶

无柄，包围坚果约2/3，直径1.9~2.1 cm；苞片钻形，粗刺状，反曲，被短毛。坚果近球形或宽卵形，直径约1.5 cm，顶端圆；果脐突起。花期3~4月，翌年10月果熟。

[分布]

见于溧阳市的丘陵山区；产于江苏境内平原以外的各地；分布于辽宁、河北、山西、陕西、甘肃、山东、江苏、安徽、浙江、江西、福建、台湾、河南、湖北、湖南、广东、广西、四川、贵州、云南等省区，日本和朝鲜也有分布。

[特性]

阳性树种；喜温暖湿润气候；对土壤适应性强，但不耐盐碱，耐寒、耐干旱、耐瘠薄；深根系，萌蘖力、抗风力强。

[用途]

树皮木栓层发达，是我国生产软木的主要原料；木材纹理平直，结构较粗，供建筑、车辆等用；种子含淀粉，可酿酒或作饲料。

化香树

拉丁学名	*Platycarya strobilacea* Sieb. et Zucc.
英文名称	Dyetree
主要别名	化果树、化香、化树、化龙树
科　　属	胡桃科（Juglandaceae）化香树属（*Platycarya*）

[形态特征]

落叶小乔木，高2~6 m。树皮暗灰色，纵深裂。枝条褐黑色，幼枝棕色有茸毛，髓实心。奇数羽状复叶互生，长15~30 cm；小叶7~15，长3~10 cm，宽

2~3 cm，从顶向基渐小，小叶薄革质，顶端长渐尖，边缘有重锯齿，基部阔楔形，稍偏斜，表面暗绿色，背面黄绿色，幼时有密毛。花单性，雌雄同序，直立；雄花序在上，雄蕊通常8，长5~10 cm；雌花序在下，长1~3 cm。果序球果状，长椭圆形，暗褐色；小坚果扁平，直径约5 mm，有2狭翅。种子卵形，种皮黄褐色，膜质。花期5~6月，果期7~10月。

图 93　化香树的复叶与果序

[分布]

　　见于溧阳市向阳山地杂木林中；产于连云港和苏南各地；分布于甘肃、陕西、河南、山东、安徽、江苏、浙江、江西、福建、台湾、广东、广西、湖南、湖北、四川、贵州和云南等省区，朝鲜、日本和越南也有分布。

[特性]

　　强阳性树种；海拔幅度广，对土壤适应性强；耐干旱、瘠薄，萌芽力、抗风力强。

[用途]

　　木材粗松，可做火柴杆、家具、胶合板、农具用；树皮、根皮、叶和果序均含鞣质，可提制栲胶；叶可药用。

[用途]

　　本种为强阳性树种，在溧阳市山区多见于演替早期的落叶阔叶林中。

枫　杨

拉丁学名	*Pterocarya stenoptera* C. DC.
英文名称	Chinese Wingnut
主要别名	水槐树、麻柳、水麻柳、枫柳
科　　属	胡桃科（Juglandaceae）枫杨属（*Pterocarya*）

图94 枫杨的翅果

[形态特征]

落叶乔木，高达30 m。裸芽常数个叠生，密被锈褐色腺鳞。幼树树皮平滑，浅灰色，老时则深纵裂。小枝具灰黄色皮孔，髓部薄片状。叶片互生，双数或少数有奇数羽状复叶，长8~16 cm；叶轴有翅，小叶10~16，长椭圆形，长8~12 cm，宽2~3 cm，表面有细小的疣状凸起，脉上有星状毛，背面少有盾状腺体。花单性，雌雄同株；雄性柔荑花序长约6~10 cm，单生叶腋内，下垂；雌性柔荑花序顶生，长约15 cm，倒垂。果实长椭圆形，长6~7 mm，果翅2，翅长圆形至长圆状披针形，斜上伸展，长12~20 mm。花期4~5月，果期7~9月。

[分布]

见于溧阳市各地；产于江苏各地；分布于陕西、河南、山东、安徽、江苏、浙江、江西、福建、台湾、广东、广西、湖南、湖北、四川、贵州和云南等省区，日本和朝鲜也有分布。

[特性]

阳性速生树种，喜温暖湿润气候，较耐寒；主根明显，侧根、须根发达；适应性强，萌芽力强；对土壤要求不严，耐水湿但不宜长期积水；对烟尘、Cl_2抗性强。

[用途]

树冠宽阔，枝叶浓密，可庭院栽培供观赏或绿化；木材色白质软，可做家具及火柴杆；树皮、枝叶可药用。

[附注]

本种生长迅速，可作胡桃（*Juglans regia*）的砧木。

糙叶树

拉丁学名	*Aphananthe aspera*（Thunb.）Planch.
英文名称	Scabrous Aphananthe
主要别名	牛筋树、糙皮树
科　　属	榆科（Ulmaceae）糙叶树属（*Aphananthe*）

[形态特征]

落叶乔木，高达25 m。树皮纵裂，粗糙。叶片纸质，卵形或狭卵形，长5~13 cm，宽2~6 cm，顶端渐尖或长渐尖，基部圆形或宽楔形，对称或斜，具三出脉，边缘基部以上有单锯齿，两面均有糙伏毛，粗糙，侧脉直伸至锯齿先端；叶柄长7~13 mm。花单性，雌

图95　糙叶树的叶与核果

雄同株；雄花成聚伞状伞房花序，生于新枝基部的叶腋；雌花单生新枝上部的叶腋，有梗；花被4~5裂，宿存；雄蕊与花被片同数；子房被毛，1室，柱头2。核果近球形或卵球形，紫黑色，长8~10 mm，被平伏细毛；果柄较叶柄短，被毛。花期3~5月，果期10月。

[分布]

见于溧阳市各地；产于江苏各地；分布于华东、华中、华南、西南和山西等省区，朝鲜和日本也有分布。

[特性]

喜光也耐阴；喜温暖湿润的气候和深厚肥沃的砂质壤土；生长迅速。

[用途]

茎皮可剥制纤维；木材坚实耐用、细密，可制农具、车轴；叶可做土农药。

[附注]

本种的叶两面均被糙伏毛，以手触之有粗糙感，故名"糙叶树"。

紫弹树

拉丁学名	*Celtis biondii* Pamp.
英文名称	Biond Hackberry
主要别名	紫弹朴、黄果朴
科　　属	榆科（Ulmaceae）朴属（*Celtis*）

[形态特征]

落叶乔木，高达18 m。树皮暗灰色。幼枝密被红褐色或淡黄色柔毛，后渐脱落。叶片薄革质，卵形至卵状椭圆形，长2.5~7 cm，宽2~3.5 cm，基部楔形，稍偏斜，顶端渐尖，在中部以上边缘疏具浅齿，幼时两面疏生毛，老时无毛；叶柄长3~8 mm。花雌雄同株，雄花簇生于枝条下部叶腋；雌花单生或双生。核果常2，腋生，近球形，橙红色或带黑色；果柄长9~18 mm，长于叶柄1倍以上；果核有明显网纹。花期4~5月，果期8~10月。

[分布]

见于溧阳市各地；产于南京、句容、宜兴、溧阳、苏州等地；分布于广东、广西、贵州、云南、四川、甘肃、陕西、河南、湖北、福建、江西、安徽、浙江、台湾等省区，朝鲜和日本也有分布。

[特性]

阳性树种；对气候适应性强；对土壤要求不严，适于湿润及肥厚的粘质土壤，也可生于石灰岩上；耐干旱、瘠薄。

[用途]

木材供建筑及制器具用；树皮纤维可作造纸及人造棉原料。

图96　紫弹树的枝叶与核果（双生）

[附注]

本种果实近球形，形如子弹，故名"紫弹树"。

朴　树

拉丁学名	*Celtis sinensis* Pers.
英文名称	Chinese Hackberry
主要别名	黄果朴、千粒树、青朴、朴榆
科　　属	榆科（Ulmaceae）朴属（*Celtis*）

[形态特征]

　　落叶乔木，高20 m。树皮平滑，灰色。当年生小枝密生柔毛。叶片革质，宽卵形至狭卵形，长3~10 cm，中部以上边缘有浅锯齿，三出脉，表面无毛，背面叶脉处有毛；叶柄长3~10 mm。花杂性同株，雄花簇生于当年生枝下部叶腋，雄蕊4；雌花单生于枝上部叶腋，1~3朵聚生，柱头2。花被片4，有毛。核果近球形，单生叶腋，直径4~5 mm，红褐色；果柄等长或稍长于叶柄；果核有网纹和棱脊。花期4~5月，果期10月。

[分布]

　　见于溧阳市各地，多生于平原、山坡；产于江苏各地；分布于河南、山东、江苏、安徽、浙江、福建、江西、湖南、湖北、四川、贵州、广西、广东、台湾等省区，日本和朝鲜也有分布。

[特性]

　　阳性树种；对土壤要求不严；耐干旱、瘠薄，也耐一定的水湿、轻盐碱；对SO_2、Cl_2抗性较强。

[用途]

　　皮部纤维为麻绳、造纸、人造棉的原料；也可作园林绿化、观赏树种或材用树种。

[附注]

　　本种与紫弹树（*Celtis biondii*）的区别在于：本种果梗与叶柄近等长，而后者果实常2~3枚腋生，有总梗。

图 97　朴树的叶（示三出脉）与核果（单生）

刺　榆

拉丁学名	*Hemiptelea davidii*（Hance）Planch.
英文名称	David Hemiptelea
主要别名	柜、刺榔树、刺榆针子
科　　属	榆科（Ulmaceae）刺榆属（*Hemiptelea*）

图98　刺榆的枝叶（示具长枝刺）

[形态特征]

落叶小乔木，高可达10 m。树皮暗灰色，不规则的条状深裂。小枝坚硬，有刺，刺长2~5 cm。叶片椭圆形，长4~7 cm，宽1.5~3 cm，羽状脉，侧脉8~12对，边缘有整齐的粗锯齿。花叶同时开放，杂性（单性与两性花同株），1~4朵生于小枝的苞腋和下部的叶腋，花被4~5裂，宿存，雄蕊4，有时有不发育的子房1枚。小坚果黄绿色，斜卵形，扁平，上半边有斜翅，翅顶端渐缩成喙状，喙常分叉。花期4~5月，果期9~10月。

[分布]

见于溧阳市各地，多生于山坡、路旁或村落附近；产于连云港、南京、句容、宜兴、溧阳等地；分布于吉林、辽宁、内蒙古、河北、山西、陕西、甘肃、山东、江苏、安徽、浙江、江西、河南、湖北、湖南和广西等省区，朝鲜也有分布。

[特性]

萌芽力强，耐干旱，对土壤要求不严。

[用途]

木材淡褐色，坚硬而细致，可供制农具及器具用；树皮纤维可做绳索或人造棉；嫩叶可食；也可栽培做绿篱。

[附注]

本种为我国乡土树种。距今2500余年的《诗经·国风》就曾记载："山有枢，隰有榆。""枢"指刺榆，"榆"指白榆（*Ulmus pumila*）。

榔 榆

拉丁学名	*Ulmus parvifolia* Jacq.
英文名称	Chinese Elm, Smallleaf Elm
主要别名	掉皮榆、秋榆
科　　属	榆科（Ulmaceae）榆属（*Ulmus*）

[形态特征]

落叶乔木，高达25 m。树干基部有时成板状根，树皮近光滑。树皮呈不规则鳞状薄片剥落，内皮红褐色。小枝密被短柔毛，深褐色。叶片革质，稍厚，较小，椭圆形、卵形或倒卵形，长2~5 cm，宽1~2 cm，顶端尖或钝，基部圆形，两侧稍不相等，叶面深绿色，有光泽，叶背色较浅，幼时被短柔毛，后变无毛或沿脉有疏毛，或脉腋有簇生毛，边缘有单锯齿。花秋季开放，3~6朵在叶腋簇生或排成簇状聚伞花序，花被上部杯状，下部管状，花被片4，深裂至杯状花被的基部或近基部，花梗极短，被疏毛。翅果椭圆形，顶端翅深凹，翅较狭而厚。种子位于果实中上部；果柄细，长3~4 mm。花、果期8~10月。

[分布]

见于溧阳市各地，生于平原、丘陵、山坡及谷地；产于江苏各地；分布于河北、山东、江苏、安徽、浙江、福建、台湾、江西、广东、广西、湖南、湖北、贵州、四川、陕西、河南等省区，日本、朝鲜、印度和越南也有分布。

[特性]

喜光，耐干旱，在酸性、中性及碱性土上均能生长，但以气候温暖、土壤肥沃、排水良好的中性土壤最为适宜。

[用途]

木材坚韧，可供工业用材；也可栽培供观赏；根、皮和嫩叶可入药。

[附注]

本种树皮片状剥落，秋季开花，故名"掉皮榆""秋榆"。

图99　榔榆的枝叶与翅果

榆　树

拉丁学名	*Ulmus pumila* Linn.
英文名称	Siberian Elm
主要别名	白榆、榆、家榆、春榆
科　　属	榆科（Ulmaceae）榆属（*Ulmus*）

[形态特征]

　　落叶乔木，高达25 m。树皮粗糙，小枝无木栓翅。叶片椭圆形或椭圆状披针形，长2~8 cm，宽1.2~3.5 cm，两面无毛，或背面脉腋有毛，侧脉9~16对，边缘有单锯齿，很少重锯齿，叶柄长4~10 mm，先端渐尖或长渐尖，基部偏斜或近对称，一侧楔形至圆，另一侧圆至半心脏形。早春发叶前开花，花在去年生枝的叶腋成簇生状；花被钟形，4~5裂；雄蕊4~5。翅果近圆形或宽倒卵形，长1.2~2 cm，无毛，顶端凹缺。种子位于翅果中部或近中部，很少接近凹缺处；果柄长约2 mm。花期3月上旬，果期4月上旬。

[分布]

　　见于溧阳市各地，多生于山坡丘陵，常见于村落附近；产于江苏各地；分布于东北、华北、西北及西南各省区，朝鲜、蒙古、俄罗斯和亚洲中部也有分布。

图100　榆树的枝叶

[特性]

　　阳性树种，不耐阴；极耐寒、耐旱、耐瘠薄、不耐水湿；深根系，侧根发达，生长快；抗风力强，耐烟尘，抗污染性强。

[用途]

　　树形端正，树干挺直，冠幅大，可作庭荫树或行道树；木材坚实，供家具、车辆、农具、器具、桥梁、建筑等用；树皮可做绳索。

[附注]

　　本种春季开花，常栽植于房前屋后，故名"春榆""家榆"。

构　树

拉丁学名	*Broussonetia papyrifera*（Linn.）L'Her. ex Vent.
英文名称	Common Papermulberry
主要别名	壳树、楮树、谷树、野杨梅子
科　属	桑科（Moraceae）构属（*Broussonetia*）

[形态特征]

落叶乔木，高10~20 m。树皮平滑，浅灰色。枝粗壮，平展，红褐色，密生白色柔毛。叶片阔卵形，长6~18 cm，宽5~9 cm，顶端渐尖，基部心形，两侧常不相等，边缘具粗锯齿，不分裂或3~5深裂，两面有厚柔毛，基生叶脉三出，侧脉6~7对；叶柄长2.5~8 cm，密被糙毛。花雌雄异株，雄花序为腋生下垂的柔荑花序，粗壮，长3~8 cm；雌花序头状，苞片棍棒状，顶端被毛；花被管状，顶端与花柱紧贴；子房卵圆形；柱头线形，被毛。聚花果球形，直径1.5~3 cm，成熟时橙红色，肉质。花期4~5月，果期6~9月。

[分布]

见于溧阳市各地，多生于荒地、田园、沟旁或村落附近；产于江苏各地；分布于河北、山西、陕西、甘肃、四川、贵州、云南和西藏等省区，亚洲东部和东南部以及太平洋岛屿也有分布。

图 101　构树的聚花果

[特性]

阳性树种，稍耐阴；耐寒、耐旱、耐瘠薄、耐水湿，适应性很强；不择土壤，酸性、中性、钙质及轻盐碱土均能适应；根系发达，生长快，萌芽力强；自然繁殖力强；抗烟尘、抗污染，对SO_2、Cl_2等有害气体抗性强。

[用途]

树皮的韧皮纤维可作造纸材料；果实、根和皮可供药用；可作矿区及城市绿化树种。

[附注]

本种聚花果球形，成熟时红色，故名"野杨梅子"。

柘　树

拉丁学名	*Maclura tricuspidata* Carrière
英文名称	Tricuspid Cudrania
主要别名	柘、桑橙、榨榛、柘刺
科　　属	桑科（Moraceae）柘属（*Maclura*）

[形态特征]

落叶灌木或小乔木，高达8 m。树皮淡灰色，呈不规则鳞片状剥落。幼枝有细毛，后脱落，略有棱，有硬刺，刺长5~35 mm。叶片卵形至倒卵形或菱状卵形，长3~14 cm，宽3~7 cm，先端钝或渐尖，基部楔形或圆形，全缘或3裂，幼时两面有毛，老时仅背面沿主脉上有细毛；叶柄长5~20 mm。花单性，雌雄异株，排列成球形头状花序，单生或成对腋生。聚花果近球形，直径约2.5 cm，肉质，红色。花期5~6月，果期9~10月。

[分布]

见于溧阳市各地，多生于阳光充足的荒地、山坡林缘和路旁；产于江苏各地，以徐州、连云港、盱眙、扬州以及苏南各地县市为多；分布自中南、华东、西南至河北南部，朝鲜也有分布。

[特性]

阳性树种；对气候、土壤适应性很强；耐干旱、瘠薄。

[用途]

茎皮是很好的造纸原料；叶可饲蚕；果可食，并可酿

图 102　柘树的叶与聚花果

酒；叶、茎、根皮均可入药；木材心部黄色，质坚硬细致，可做家具用或做黄色染料；也为良好的绿篱树种。

[附注]

本种叶形变化大。本种在《中国植物志》[Vol. 23(1)，P63]中，其学名为 *Cudrania tricuspidata* (Carr.) Bur. ex Lavallee，*Flora of China*（Vol. 5, P35）已修订。

薜 荔

拉丁学名	*Ficus pumila* Linn.
英文名称	Climbing Fig
主要别名	鬼馒头、木莲、凉粉子
科　　属	桑科（Moraceae）榕属（*Ficus*）

[形态特征]

常绿攀援或匍匐灌木。小枝有棕色茸毛。枝和叶折断有白色乳汁。叶片2型；在不生花序托的枝上叶片小而薄，心状卵形，长约2.5 cm，基部斜；在生花序托的枝上叶片较大而厚，革质，卵状椭圆形，长3~9 cm，顶端钝，表面无毛，背面被黄褐色柔毛，网脉甚明显，凸起呈蜂窝状。花生于球形、梨形中空的肉质花序托（隐头花序）内。隐花果单生叶腋，梨形或倒卵形，长4~8 cm，直径3~5 cm，有短柄，果顶端平截，中部略具短尖头或脐状凸起，果下部渐窄。花期6月，果期10月。

[分布]

见于溧阳市各地，常攀援于树干、岩石或墙壁上；产于江苏各地；分布于福建、江西、浙江、安徽、江苏、台湾、湖南、广东、广西、贵州、云南、四川及陕西等省区，日本和越南也有分布。

图 103　薜荔的隐花果

[特性]

中性偏阳性树种，喜荫蔽，耐干旱；对气候、土壤要求不严；对SO_2抗性强。

[用途]

成熟果实水洗可制作凉粉；根、茎、叶、果均可药用；枝叶繁茂，叶色浓绿，果大美观，可作园林垂直绿化树种。

[附注]

本种果实可制作凉粉，故名"凉粉子"。

桑

拉丁学名	*Morus alba* Linn.
英文名称	White Mulberry
主要别名	桑树、家桑
科　　属	桑科（Moraceae）桑属（*Morus*）

[形态特征]

落叶乔木或灌木，高达15 m。树皮灰黄色或黄褐色。幼枝有细毛。叶片卵形或广卵形，长5~15 cm，宽5~12 cm，顶端渐尖或圆钝，基部圆形至浅心形，边缘有锯齿或各种分裂，表面无毛，有光泽，背面绿色，沿脉有疏毛，脉腋有簇毛；叶柄长1.5~5.5 cm，具柔毛。花单性异株，均为腋生的柔荑花序；雄花序下垂，长2~3.5 cm；雌花序长1~2 cm，被毛，总花梗长5~10 mm，被柔毛，雌花无梗；花柱不明显或无，柱头2。聚花果卵状椭圆形，长1~2.5 cm，成熟时红色或暗紫色。花期4~5月，果期6~7月。

图104　桑的聚花果（示成熟时暗紫色）

[分布]

见于溧阳市各地，常生于山坡林中或路旁；产于江苏各地；原产于我国中部和北部，现我国和全世界都广泛栽培。

[特性]

阳性速生树种；对气候、土壤适应性极强，耐干旱、耐瘠薄、耐水湿及轻盐碱；深根系树种，萌蘖性强，耐修剪；对Cl_2、O_3、NO_2、烯烃、烟尘抗性强。

[用途]

树皮纤维柔细，可作纺织原料、造纸原料；叶为养蚕的主要饲料；木材坚硬，可制器具；桑葚可以酿酒，称桑子酒；果实可生食或酿酒；根、皮、枝、叶、果可药用。

[附注]

本种为我国乡土树种，因长期栽培而品种繁多。

苎 麻

拉丁学名	*Boehmeria nivea*（Linn.）Gaud.
英文名称	Ramie
主要别名	白麻、白叶苎麻、野麻、青天白叶
科　　属	荨麻科（Urticaceae）苎麻属（*Boehmeria*）

[形态特征]

亚灌木或灌木，高0.5~1.5 m。茎、花序与叶柄均密被柔毛。叶片互生，草质，宽卵形或近卵形，长6~15 cm，宽4~11 cm，顶端骤尖，基部近截形或宽楔形，上面稍粗糙，下面密生交织的白色柔毛；叶柄长2.5~10 cm；托叶钻状披针形。花雌雄同株，团伞花序集成圆锥状，雌花序位于雄花序之上；雄花花被片4，雄蕊4；雌花花被管状，被细毛。瘦果椭圆形，长约1.5 mm，光滑，基部突缩成细柄。花、果期7~10月。

[分布]

见于溧阳市各地，生于山谷林边或草坡；产于江苏各地；分布于云南、贵州、广西、广东、福建、江西、台湾、浙江、江苏、湖北、四川、甘肃、陕西、河南等省区，越南、老挝、日本、朝鲜等东南亚国家也有分布。

[特性]

原产热带、亚热带，为喜温短日照植物，对气候要求不严，耐寒性较强。

[用途]

苎麻的茎皮纤维细长，为优良的纺织原料；短纤维可织地毯、麻袋

图 105 苎麻的团伞花序

等；嫩叶可养蚕，作饲料；根可入药，有止血、解毒的功效。

[附注]

本种叶背面密被白色柔毛，故名"白麻""白叶苎麻"。

悬铃叶苎麻

拉丁学名	*Boehmeria tricuspis*（Hance）Makino
英文名称	Tricuspidata Falsenettle
主要别名	八角麻、悬铃木叶苎麻
科　　属	荨麻科（Urticaceae）苎麻属（*Boehmeria*）

[形态特征]

亚灌木，茎高50~150 cm，嫩枝带四棱形，中部以上与叶柄和花序轴密被短毛。叶对生，纸质，扁五角形或扁圆卵形，茎上部叶片常为卵形，长8~12(18) cm，宽7~14(22) cm，顶部三骤尖或三浅裂，基部截形、浅心形或宽楔形，边缘有粗牙齿，上面粗糙，有糙伏毛，下面密被短柔毛，侧脉2对，叶柄长1.5~6(10) cm。团伞花序集成长穗状，单生叶腋，或同一植株的全为雌性，或茎上部的为雌性，其下的为雄性，雌的长5.5~24 cm，分枝呈圆锥状或不分枝，雄的长8~17 cm，分枝呈圆锥状；团伞花序直径1~2.5 mm。雄花花被片4，椭圆形，长约1 mm，下部合

生，外面上部疏被短毛；雄蕊4，长约1.6 mm，花药长约0.6 mm；退化雌蕊椭圆形，长约0.6 mm。雌花花被椭圆形，长0.5~0.6 mm，齿不明显，外面有密柔毛，果呈楔形至倒卵状菱形，被白色细毛。花期7~8月。

图106　悬铃叶苎麻的叶与穗状花序

[分布]

见于溧阳市各地，生于低山山谷疏林下、溪沟边或田边；产于江苏各地；分布于广东、广西、贵州、湖南、江西、福建、浙江、江苏、安徽、湖北、四川、甘肃、陕西、河南、山西、山东、河北等省区，朝鲜和日本也有分布。

[特性]

喜温短日照植物，对气候要求不严，耐寒性较强。

[用途]

茎皮纤维可供纺织和造纸；根、叶可药用，治疗外伤出血、跌打肿痛、风疹、荨麻疹等症；叶可作猪饲料；种子含脂肪油，可制肥皂或食用。

[附注]

本种的叶先端常3裂，叶形似悬铃木（*Platanus orientalis*）的叶，故名"悬铃木叶苎麻"。

芫 花

拉丁学名	*Daphne genkwa* Sieb. et Zucc.
英文名称	Lilac Daphne
主要别名	药鱼棵、头痛花、药鱼草、老鼠花
科　　属	瑞香科（Thymelaeaceae）瑞香属（*Daphne*）

图 107　芫花的花（示花先叶开放）

[形态特征]

落叶灌木，高 0.3~1 m。树皮褐色，无毛。茎多分枝，幼枝密被淡黄色丝状柔毛，老枝紫褐色或紫红色，无毛或有疏柔毛。叶对生，稀互生，纸质，长椭圆形或椭圆形，长 3~4 cm，宽 1~2 cm，背面密被绢状黄色柔毛，叶脉上尤密。花比叶先开放，紫色或淡紫蓝色，无香味，常 3~6 朵簇生于叶腋或侧生；花萼外面疏生短柔毛，花瓣状；花瓣缺；雄蕊 8，排成 2 轮；子房长倒卵形，长 2 mm，密被淡黄色柔毛；柱头头状，橘红色。核果肉质，白色，椭圆形，长约 4 mm，包藏于宿存的花萼筒的下部，具 1 颗种子。花期 3~5 月，果期 6~7 月。

[分布]

见于溧阳市山坡、路旁或疏林中；产于江苏各地；分布于河北、山西、陕西、甘肃、山东、江苏、安徽、浙江、江西、福建、台湾、河南、湖北、湖南、四川、贵州等省。

[特性]

阳性树种，不耐阴；耐寒、耐旱、耐水湿、耐瘠薄，适应性强；主根发达，须根稀少，不耐移栽。

[用途]

可作观赏植物；茎皮纤维柔韧，可作造纸和人造棉原料；花蕾和茎皮可入药。

[附注]

本种的根可毒鱼，故名"药鱼棵""药鱼草"。

毛瑞香

拉丁学名	*Daphne kiusiana* var. *atrocaulis*（Rehder）Maek.
英文名称	Chinese Hairyflower Daphne
主要别名	紫茎瑞香、白毛瑞香、夺香花
科　　属	瑞香科（Thymelaeaceae）瑞香属（*Daphne*）

[形态特征]

常绿直立灌木，高0.5~1.2 m。枝紫红色，通常无毛。叶互生，有时簇生于枝顶，革质，椭圆状长圆形或倒披针形，长6~12 cm，宽1.8~3 cm，两端渐尖，基部下延于叶柄，边缘全缘，微反卷，上面深绿色，具光泽，下面淡绿色，中脉纤细，上面通常凹陷，下面微隆起，侧脉6~7对；叶柄长6~8 mm，褐色。花白色，芳香，9~12朵簇生于枝顶，呈头状花序；苞片褐绿色，易早落，长圆状披针形；花梗长1~2 mm，密被淡黄绿色粗茸毛；花被筒状，外面下部密被淡黄绿色丝状茸毛；子房无毛，倒圆锥状圆柱形；柱头头状，直径0.7 mm。核果红色，卵状椭圆形，长10 mm，直径5~6 mm。花期11月至翌年2月，果期4~5月。

[分布]

见于溧阳市南部山区，生于林边或疏林中较阴湿处；产于宜兴、溧阳等地；分布于江苏、浙江、安徽、江西、福建、台湾、湖北、湖南、广东、广西、四川等省区。

[特性]

阴性树种，极耐阴；喜温暖湿润气候，主根发达；对土壤适应性强，适宜生长于酸性、中性及石灰质土壤。

图108　毛瑞香的叶

[用途]

茎皮纤维可作造纸和人造棉的原料；花可以提取芳香油；根可入药，有活血、散血、止痛的功效。

[附注]

本种茎常紫色，花白色芳香，故名"紫茎瑞香""夺香花"。

海金子

拉丁学名	*Pittosporum illicioides* Mak.
英文名称	Anisetreelike Pittosporum
主要别名	崖花海桐
科　　属	海桐科（Pittosporaceae）海桐属（*Pittosporum*）

[形态特征]

常绿灌木，高达5 m。嫩枝无毛，老枝有皮孔。叶生于枝顶，3~8片簇生，呈假轮生状，薄革质，倒卵状披针形，长5~10 cm，宽2.5~4.5 cm，边缘微波状，先端渐尖，基部窄楔形，常向下延，上面深绿色，干后仍发亮，下面浅绿色，无毛；侧脉6~8对，在上面不明显，在下面稍突起，网脉在下面明显，边缘平展，或略皱折；叶柄长7~15 mm。伞形花序顶生，有花2~10，花梗长1.5~3.5 cm，无毛，常向下弯；苞片早落；萼片卵形，长2 mm，无毛；花瓣长8~9 mm；雄蕊长6 mm；子房长卵形。蒴果近圆形，3片裂开，果片薄木质；果梗纤细，常向下弯。种子8~15粒，长约3 mm。花期5月，果期10月。

[分布]

见于溧阳市山坡、沟谷林中；产于宜兴、溧阳、苏州等地；分布于福建、台湾、浙江、江苏、安徽、江西、湖北、湖南、贵州等省，日本也有分布。

[特性]

阳性树种，较耐阴；耐寒、耐旱、耐水湿、耐盐碱，适应性强；对土壤要求不严，

图 109　海金子的叶

但以深厚、肥沃、湿润及排水良好的微酸性或中性土壤为佳。

[用途]

种子含油，提出油脂可制肥皂；茎皮纤维可制纸；叶、根和种子有清热、生津、止咳的功效。

[附注]

本种与海桐（*Pittosporum tobira*）相似，但后者叶先端钝圆或内凹，边缘常反卷。

海 桐

拉丁学名	*Pittosporum tobira*（Thunb.）Ait.
英文名称	Japanese Pittosporum, Mock Orange
主要别名	垂青树、海桐花、七里香
科 属	海桐科（Pittosporaceae）海桐属（*Pittosporum*）

[形态特征]

常绿灌木或小乔木，高达6 m。嫩枝被褐色柔毛，有皮孔。叶多聚生于枝顶，狭倒卵形，长4~9 cm，宽1.5~4 cm，侧脉6~8对，上面深绿色，发亮、干后暗晦无光，先端钝圆或微凹，基部窄楔形，边缘常外卷，有柄；叶柄长达2 cm。聚伞花序顶生，密被黄褐色柔毛，花梗长1~2 cm；花白色，有芳香，后变黄色；花柄长0.8~1.5 cm；萼片、花瓣、雄蕊各5；子房上位，密被短柔毛。蒴果圆球形，有棱角，直径12 mm，果瓣3，木质，内侧黄褐色，有横格。种子多数，长4 mm，鲜红色。花期5月，果期10月。

[分布]

见于溧阳市山坡林下或沟

图110 海桐的叶与聚伞花序

边；产于宜兴、溧阳等地；分布于长江以南沿海各省，长江流域及其以南各地庭院常栽培，日本和朝鲜也有分布。

[特性]

阳性树种，较耐阴；耐寒、耐旱、耐水湿、耐盐碱，适应性强；对土壤要求不严，但以深厚、肥沃、湿润及排水良好的微酸性或中性土壤为佳；生长较快，萌芽力强，耐修剪；对SO_2、Cl_2等有害气体有较强的抗性。

[用途]

为优良的盐碱地绿化树种，也是常见的栽培观赏树种；根、叶和种子均可入药；花含精油，可用于制作化妆品。

[附注]

本种在溧阳市广泛栽培，通常为灌木。

扁担杆

拉丁学名	*Grewia biloba* G. Don
英文名称	Bilobed Grewia
主要别名	棉筋条、扁担杆子
科　　属	椴树科（Tiliaceae）扁担杆属（*Grewia*）

图 111　扁担杆的叶与核果

[形态特征]

落叶灌木或小乔木，高1~4 m。多分枝，小枝被粗毛或星状毛。叶片薄革质，狭菱状卵形或狭菱形，长4~9 cm，宽2.5~4 cm，先端锐尖，基部楔形或钝，两面有稀疏星状粗毛，基出脉3，边缘有细锯齿；叶柄长4~8 mm，被粗毛。

聚伞花序与叶对生，具短梗；花淡黄绿色，直径不到1 cm；苞片钻形，长3~5 mm；萼片5，狭披针形，长4~7 mm，外面被毛，内面无毛；花瓣5，长1~1.5 mm；雄蕊多数，花药近圆球形，白色；花柱长；子房有毛。核果红色，直径7~12 mm，无毛，2裂，每裂有2核，内有种子2~4粒。花期6~7月，果期8~9月。

[分布]

见于溧阳市低山丘陵、山坡路旁或灌木丛中；产于江苏各地；分布于江西、湖南、浙江、广东、广西、台湾、安徽、四川等省区。

[特性]

阳性树种，对气候、土壤适应性强；耐干旱、瘠薄。

[用途]

可作边坡绿化树种；枝叶可药用；茎皮纤维白色，质地软，可做人造棉。

[附注]

本种茎韧皮纤维发达，故名"棉筋条"。

南京椴

拉丁学名	*Tilia miqueliana* Maxim.
英文名称	Miquel Linden
主要别名	菠萝椴、椴树、菩提椴
科　　属	椴树科（Tiliaceae）椴属（*Tilia*）

[形态特征]

落叶乔木，高可达15 m。树皮灰白色。幼枝和顶芽均密被星状柔毛。叶片三角状卵形，长9~12 cm，宽7~9.5 cm，先端骤尖，基部偏斜心形或截形，上面无毛，下面被灰色星状毛，侧脉6~8对，边缘有短尖锯齿；叶柄长3~4 cm，圆柱形，被茸毛。聚伞花序长6~8 cm，有花3~12朵，花序轴被星状柔毛；苞片狭窄倒披针形，两面有星状柔毛，初时较密，先端钝，基部狭窄，下部4~6 cm与花序柄合生，有短柄，柄长2~3 mm，有时无柄；萼片长5~6 mm，被灰色毛；花瓣比萼片略长，无毛。核果近球形，直径约9 mm，基部有5棱，密被星状柔毛，有小突起。花期6~7月，果期8~10月。

[分布]

见于溧阳市戴埠镇低山丘陵；产于徐州、连云港、淮安、镇江、句容、南京、溧阳等地；分布于江苏、浙江、安徽、江西、广东等省，日本也有分布。

[特性]

阳性速生树种，稍耐阴；对气候、土壤要求不严；深根系，抗风性强，萌芽力强。

图 112　南京椴的核果和苞片

[用途]

为优良的庭荫树、行道树和蜜源植物；茎皮纤维可制人造棉，也是优良的造纸原料；木材坚韧，可做农具、家具等；根皮可入药。

[附注]

本种隶属于椴属（*Tilia*），其叶形与菩提树（*Ficus religiosa*）相似，故名"菩提椴"。

梧　桐

拉丁学名	*Firmiana simplex*（Linn.）W. Wight
英文名称	Phoenix Tree
主要别名	青桐、青皮梧桐、大梧桐
科　　属	梧桐科（Sterculiaceae）梧桐属（*Firmiana*）

[形态特征]

落叶乔木，高达15 m。树干挺直，树皮绿色，平滑。叶片心形，单叶互生，3~5掌状分裂，通常直径15~30 cm，裂片三角形，顶端渐尖，全缘，5出脉，上面近无毛，下面有星状短柔毛；叶柄长8~30 cm。顶生圆锥花序长约20 cm，被短茸毛；花单性，无花瓣；萼片5深裂，裂片披针形，向外反卷曲，外面密生淡黄色星状毛；花瓣缺；子房球形，5室，基部有退化雄蕊。果实为蒴果而呈蓇葖果状，成熟前开裂为叶状果瓣；蓇葖4~5，纸质，叶状，长7~9.5 cm，有毛。种子球形，2~4颗着生于果瓣边缘，成熟时棕色，有皱纹。花期7月，果期11月。

[分布]

见于溧阳市各地，常有栽培；产于江苏各地；分布于我国南北各省区，日本也有分布。

[特性]

阳性树种，稍耐阴；喜温暖湿润气候，耐寒性强；对土壤要求不严，酸性、中性及钙质土壤均能适应，但以深厚、肥沃及排水良好的土壤为佳，忌低洼积水或盐碱地；生长迅速，萌芽力弱，不耐修剪；对SO_2、Cl_2等有害气体抗性较强。

图113　梧桐的蒴果

[用途]

为优良的庭荫树和行道树；木材轻软，为制木匣和乐器的良材；树皮纤维洁白，可用以造纸和编绳等；叶、花、果和根可入药；种子可炒食，也可榨油。

[附注]

本种在我国广泛栽培，在溧阳市山区有野生种分布，可能因长期栽培而逸生。

一叶荻

拉丁学名	*Flueggea suffruticosa*（Pall.）Baill.
英文名称	Subshrub Flueggea
主要别名	叶底珠、一叶萩
科　　属	大戟科（Euphorbiaceae）白饭树属（*Flueggea*）

图 114　一叶荻的枝叶与蒴果

[形态特征]

落叶灌木，高1~3 m。茎多分枝，小枝浅绿色。叶片纸质，椭圆形或卵形，长1.5~8 cm，宽1~3 cm，顶端尖或钝，基部楔形，全缘或有细锯齿，两面无毛；侧脉每边5~8条，两面凸起，网脉略明显；叶柄长2~8 mm；托叶卵状披针形，宿存。花小，雌雄异株，雄花3~18，簇生于叶腋，萼片5；雄蕊通常5，长于萼片，着生在5裂花盘的基部；雌花单生于叶腋。蒴果三棱状扁球形，直径约5 mm，成熟时淡红褐色，有网纹；果梗长2~15 mm，基部常有宿存的萼片。种子三棱卵球形，侧压扁，长约3 mm，褐色。花期3~8月，果期6~11月。

[分布]

见于溧阳市的山坡灌木丛、路旁、沟边；产于江苏境内丘陵山地；分布于除甘肃、青海、新疆和西藏以外的全国其他省区，蒙古、俄罗斯、日本、朝鲜也有分布。

[特性]

阳性树种；耐干旱、瘠薄。

[用途]

茎皮纤维坚韧，可作纺织原料；枝条可编制用具；根含鞣质；花和叶可供药用。

[附注]

本种的叶含有一叶萩碱（securinine），对中枢神经系统有兴奋作用，慎用。

算盘子

拉丁学名	*Glochidion puberum*（Linn.）Hutch.
英文名称	Puberulous Glochidion
主要别名	算盘珠、馒头果、野南瓜
科　　属	大戟科（Euphorbiaceae）算盘子属（*Glochidion*）

[形态特征]

落叶灌木，高1~5 m。小枝灰褐色，密被短柔毛。叶互生，纸质或近革质，椭圆形或椭圆状披针形，长3~8 cm，宽1~2.5 cm，顶端尖，有时钝，基部宽楔形，表面疏生短柔毛或几无毛，背面密生短柔毛。花小，雌雄同株或异株，无花瓣，2~5朵簇生于叶腋；雄花有雄蕊3，合生呈圆柱状；雌花萼片6，卵状，密生短柔毛；子房圆球状，5~10室，花柱合生呈环状。蒴果扁球状，直径8~15 mm，边缘有纵沟，外面有茸毛，成熟时带红色，顶端具环状的宿存花柱。种子近肾形，红色。花期4~8月，果期7~11月。

[分布]

见于溧阳市各地，多生于山坡、溪旁灌木丛中或林缘；产于江苏各地；分布于陕西、甘肃、江苏、安徽、浙江、江西、福建、台湾、河南、湖北、湖南、广东、海南、广西、四川、贵州、云南和西藏等省区。

[特性]

阳性树种，稍耐阴；耐寒性较强；不择土壤，酸性、中性或石灰质土壤均能生长。

[用途]

可作为酸性土壤的指示植物；种子可榨油，供制皂或做润滑油；根、茎、叶和果均可药用。

[附注]

中国特有树种。因其蒴果扁球形，与算盘的珠子相似，故名"算盘子"。

图 115　算盘子的枝叶与蒴果

白背叶

拉丁学名	*Mallotus apelta*（Lour.）Müll. Arg.
英文名称	Whitebackleaf Mallotus
主要别名	白背木、酒药子树、白背叶野桐
科　　属	大戟科（Euphorbiaceae）野桐属（*Mallotus*）

图 116　白背叶的叶（示背面白色）与蒴果

[形态特征]

灌木或小乔木。小枝密被星状毛。叶互生，宽卵形，不裂或3浅裂，长4.5~15 cm，宽4~14 cm，顶端渐尖，基部平截或楔形，边缘有稀疏锯齿，两面被星状毛及棕色腺体，背面灰白色，毛更密厚；基出脉3条，具2腺体；叶柄长1.5~8 cm，密生柔毛。花单性，雌雄异株，无花瓣；雄穗状花序顶生，长15~30 cm，不分枝或基部略有分枝；雌穗状花序顶生或侧生，长约15 cm；花萼3~6裂，外面密被茸毛；雄蕊50~65枚，花药2室；子房3~4室，被软刺及密生星状毛；花柱短，2~3，羽毛状。蒴果近球形，长5 mm，直径7 mm，密生软刺及星状毛。种子近球形，直径3 mm，黑色，光亮。花期6~7月，果期10~11月。

[分布]

见于溧阳市山坡或山谷灌木丛中；产于南京、镇江、苏州、无锡等地；分布于河南、安徽、江苏、浙江、江西、湖南、广东、广西等省区，越南也有分布。

[特性]

阳性树种；对气候、土壤适应性很强；耐干旱、瘠薄，萌芽力强。

[用途]

为撂荒地的先锋树种，也可作蜜源植物；种子可榨油；茎皮为纤维原料，可织麻袋或供作混纺；根、叶可入药。

[附注]

本种因叶背面灰白色，故名"白背叶""白背木""白背叶野桐"。

野梧桐

拉丁学名	*Mallotus japonicus*（Linn. f.）Müll. Arg.
英文名称	Japanese Mallotus
主要别名	野桐
科　　属	大戟科（Euphorbiaceae）野桐属（*Mallotus*）

[形态特征]

　　落叶小乔木或灌木。嫩枝密被褐色茸毛。叶互生，宽卵形或菱形，长10~20 cm，宽6~15 cm，顶端渐尖，基部圆形或宽楔形，全缘或3浅裂，上面光滑，下面有散生红色小腺点，并疏生星状柔毛；叶柄长，被褐色茸毛，近叶柄有2枚黑色圆形腺体。花单性，雌雄异株，顶生穗状花序，通常分枝呈圆锥状，密生浅褐色茸毛，长8~20 cm；雄花有短梗，花萼3裂，雄蕊多数；雌花密生，子房3室，花柱3。蒴果球形，密被软刺。花期4~6月，果期7~8月。

[分布]

　　见于溧阳市山坡林中；产于南京、无锡、常州、苏州等地；分布于华东、华中、西南以及陕西、甘肃、广东和广西等省区，日本、尼泊尔、印度、缅甸、不丹也有分布。

[特性]

　　阳性树种；对气候、土壤适应性很强；耐干旱、瘠薄，萌芽力强。

[用途]

　　种子含油，可供工业用油；树皮可提取纤维，造蜡纸，也可制人造棉；枝叶可药用。

[附注]

　　本种与白背叶（*Mallotus apelta*）相似，但本种雌花花序圆锥状，叶片厚纸质，仅下面脉上有疏毛，腺点红色。

图117　野梧桐的叶与蒴果

石岩枫

拉丁学名	*Mallotus repandus*（Willd.）Müll. Arg.
英文名称	Creeping Mallotus
主要别名	倒挂茶、倒挂金钩、杠香藤
科　　属	大戟科（Euphorbiaceae）野桐属（*Mallotus*）

[形态特征]

落叶灌木或乔木，有时藤本状。幼枝有锈色星状毛。叶互生，长圆形或菱状卵形，长9~15 cm，宽3.5~5 cm，基部圆或平截或稍呈心形，顶端渐尖，全缘或波状，两面都有小腺点，上面无毛，或有星状毛，下面密生星状毛；叶柄长2.5~4 cm，光滑或有毛。花单性，雌雄异株；雄花序穗状，单一或分枝，腋生，雄花萼3裂，密被褐色茸毛，雄蕊多数；雌花序总状，顶生或腋生，萼3裂；子房2~3室，有茸毛；柱头羽状。蒴果球形，被锈色茸毛。种子黑色，微有光泽，半球形，直径约3 mm。花期3~6月，果期8~11月。

[分布]

见于溧阳市山坡林中；产于南京、无锡、常州、苏州等地；分布于江苏、安徽、浙江、湖北、湖南、四川、陕西、福建、台湾、广东等省，越南、印度、印度尼西亚、菲律宾、澳大利亚也有分布。

[特性]

阳性树种；喜温暖湿润气候，耐寒性较强；对土壤要求不严，酸性、中性或石灰质土壤均能生长；生长较迅速，萌芽力强，耐修剪。

[用途]

枝叶繁茂，适应性强，可作垂直绿化树种；种子可榨油，可制油漆、油墨或肥皂；茎皮含纤维，可制绳索；叶可提制栲胶。

[附注]

本种在溧阳市山区常为藤状灌木。

图118　石岩枫的叶

青灰叶下珠

拉丁学名	*Phyllanthus glaucus* Wall. ex Muell. Arg.
英文名称	Greyblue underleaf pearl
主要别名	木本叶下珠
科　　属	大戟科（Euphorbiaceae）叶下珠属（*Phyllanthus*）

[形态特征]

落叶灌木，高达4 m。枝条圆柱形，小枝细柔，光滑无毛。叶互生，膜质，椭圆形至长圆形，长2.5~5 cm，宽1.5~2.5 cm，顶端有小尖头，基部钝至圆，下面灰绿色；侧脉每边8~10条；叶柄长2~4 mm。花单性同株，簇生于叶腋，萼片5，很少6，卵圆形，无花瓣；雌花常1，着生于雄花群中，子房3室，花柱3，较长。浆果球形，直径约1 cm，紫黑色，有宿存花柱。种子黄褐色。花期4~7月，果期7~10月。

[分布]

见于溧阳市南部山区；产于苏南山区；分布于江苏、安徽、浙江、江西、湖北、湖南、广东、广西、四川、贵州、云南和西藏等省区，印度、不丹、尼泊尔也有分布。

[特性]

阳性树种，稍耐阴；不择土壤，适应性强，酸性、中性或石灰质土壤均能生长。

[用途]

根可药用，有祛风除湿、健脾消食的功效；也可栽培作观赏树种。

[附注]

本种花生于叶腋，果柄纤细，果实圆形，而叶背面灰绿色，故名"青灰叶下珠"。

图119　青灰叶下珠的叶与浆果

乌　桕

拉丁学名	*Triadica sebifera*（Linn.）Small
英文名称	Chinese tallow-tree
主要别名	桕油树、桠树、木君子叶
科　　属	大戟科（Euphorbiaceae）乌桕属（*Triadica*）

[形态特征]

落叶乔木，高达15 m，具乳状汁液。树皮暗灰色，纵裂浅。小枝纤细。单叶互生，纸质，卵形或椭圆状卵形，长5~11 cm，宽3~7 cm，顶端狭尖，基部圆形或近心形，边缘有钝锯齿，两面光滑均无毛；叶柄长4~10 cm，顶端有2个腺点。花黄绿色，成总状花序；雌花有2，稀至3；雄花萼片5，雄蕊5；雌花萼片5，子房3~4室，每室有2胚珠，花柱2~4，线形，不分裂。蒴果梨状，成熟时黑色，直径0.5~0.7 cm。种子长圆形，黑色，外被白蜡。花期4~5月，果期8~10月。

[分布]

见于溧阳市各地，也有栽培；产于江苏各地；分布于黄河以南各省区，北达陕西、甘肃，日本、越南、印度也有分布。

[特性]

阳性树种，稍耐阴；喜温暖湿润气候，耐寒、耐旱、耐水湿；对土壤适应性较广，但适宜于深厚、肥沃、湿润的酸性或中性土壤；根系发达，生长快，抗风力强。

[用途]

树形美观，冠幅大，秋季叶色丰富，为良好的庭荫树和行道树；种子可榨油；木材坚硬，是良好的建筑用材；也可做黑色染料或杀虫剂。

[附注]

中国特有的经济树种。

图 120　乌桕的叶与蒴果

油 桐

拉丁学名	*Vernicia fordii*（Hemsl.）Airy Shaw
英文名称	Tung tree
主要别名	油桐树、桐子树
科　　属	大戟科（Euphorbiaceae）油桐属（*Vernicia*）

[形态特征]

　　落叶乔木，高达10 m。树皮灰色，近光滑。枝条粗壮，无毛，具明显皮孔。叶片卵圆形，长8~18 cm，宽6~15 cm，顶端短尖，基部截平至浅心形，全缘，稀3浅裂，幼时两面有棕褐色微柔毛，后脱落；掌状脉5~7；叶柄长达12 cm，与叶片近等长，几无毛，顶端有2个扁平、淡红色腺体。花雌雄同株，先叶开放或与叶同放；花瓣白色，有淡红色脉纹，直径约3 cm，排成疏松顶生的圆锥状聚伞花序；萼裂片2~3，花瓣5，雄蕊8~20，排成2轮，花丝基部合生；雌花子房3~5室，每室1胚珠，花柱与子房同数，2裂。核果近球状，直径4~6 cm，顶端尖，果皮光滑。种子有厚而木质的种皮。花期3~4月，果期8~9月。

[分布]

　　见于溧阳市丘陵山地，也有栽培；产于南京、镇江、常州、苏州、无锡等地；分布于陕西、河南、江苏、安徽、浙江、江西、福建、湖南、湖北、广东、海南、广西、四川、贵州、云南等省区，越南也有分布。

[特性]

　　阳性树种，稍耐阴；喜温暖湿润气候，耐寒性较强；适宜深厚、肥沃、湿润的微酸性或中性土壤；根系发达，生长快。

[用途]

　　本种是我国重要的工业油料植物，也是优良的园林观赏树种；种

图 121　油桐的枝叶与核果

子富含脂肪油（桐油），是优良的干性油，为油漆、印刷油墨等的优良原料；树皮可提制栲胶；果皮可制活性炭或提取碳酸钾。

[附注]

本种为我国四大木本油料植物［其余为油茶（*Camellia oleifera*）、核桃（*Juglans regia*）和乌桕（*Triadica sebifera*）］之一。

连蕊茶

拉丁学名	*Camellia fraterna* Hance
英文名称	Ellipticleaf Camellia
主要别名	毛花连蕊茶、毛柄连蕊茶
科　　属	山茶科（Theaceae）山茶属（*Camellia*）

图 122　连蕊茶的叶与蒴果

[形态特征]

常绿灌木，高1~5 m。嫩枝密生粗毛或柔毛，后渐脱落。叶片革质，椭圆形或卵状披针形，长4~8 cm，宽1.5~3.5 cm，先端渐尖而有钝尖头，基部楔形或稍圆，边缘有细锯齿，上面深绿色，发亮，下面淡绿色而有紧贴柔毛，后变无毛；侧脉5~6对，在上下两面均不明显；叶柄长3~5 mm，有柔毛。花有短柄，常1~2朵顶生兼腋生；花冠白色或稍带红晕，长3~4 cm；小苞片5，与萼片都密生粗柔毛，宿存；花瓣5~6，通常为6；子房无毛，花柱顶端3裂。蒴果圆球形，直径1.5 cm，顶端微尖或圆，成熟时2~3瓣裂，果壳薄。种子1个。花期3~4月，果期10~11月。

[分布]

见于溧阳市山区；产于宜兴、溧阳等地；分布于我国浙江、江西、江苏、安徽、福建及河南等省。

[特性]

中性树种，耐阴性强；喜疏林、林缘等上方或侧方庇荫环境；喜酸性土壤；耐干旱、瘠薄，抗火性强。

[用途]

花芳香而繁多，为良好的观赏树种；也可作油料和蜜源植物；根、叶及花可入药。

[附注]

中国特有树种。

油 茶

拉丁学名	*Camellia oleifera* C. Abel
英文名称	Tea-Oil Plant, Tea Oil Camellia
主要别名	桃茶
科　　属	山茶科（Theaceae）山茶属（*Camellia*）

[形态特征]

常绿灌木或小乔木，高达7 m。树皮淡黄褐色，平滑不裂。嫩枝稍有毛。冬芽鳞片密被金黄色粗长毛。叶片厚革质，椭圆形或卵状椭圆形，长5~7 cm，宽2~4 cm，顶端钝尖或渐尖，基部楔形，边缘有浅锯齿，上面发亮，干后暗晦无光泽，中脉稍被细毛，下面中脉基部被少毛或无毛，侧脉不显著；叶柄长3~6 mm，被毛。花白色，直径4~8 cm，1~3朵腋生或顶生，无花柄；苞片和萼片无明显区别，约10枚，宽卵形；花瓣5~7，离生，倒卵形，长2.5~4.5 cm，全缘或顶端深2裂；子房有黄长毛，花柱顶端3浅裂，基部有毛。蒴果球形，木质，直径2~4 cm，幼时有毛，后变无毛。种子1~3

图 123　油茶的叶与蒴果

颗。花期10~12月，果期翌年10~11月。

[分布]

见于溧阳市南部山区；产于连云港、南京、宜兴、溧阳等地；分布于我国秦岭、淮河流域以南，其中以广西、福建、湖南、江西、江苏及浙江为主要分布区。

[特性]

阳性树种；喜温暖湿润气候和深厚、疏松的酸性土壤。

[用途]

为重要的木本油料植物；木材坚实，供小型农具等用；叶厚革质，能起防火作用，为营造防护林带的优良树种；茶籽饼为良好的肥料；果壳可提制栲胶；也可作蜜源植物。

[附注]

本种为我国重要的木本油料植物，种子含油30%以上；本种在我国长江以南地区广泛栽培，溧阳市境内的山区有逸生。

木　荷

拉丁学名	*Schima superba* Gardn. et Champ.
英文名称	Chinese guger-tree
主要别名	野樟树、荷木
科　　属	山茶科（Theaceae）木荷属（*Schima*）

图124　木荷的枝叶与虫瘿

[形态特征]

常绿乔木，高达10 m以上。树干挺直，树皮深灰色，纵裂成不规则的长块。枝暗褐色，无毛，或小枝近顶部被细毛。冬芽卵状圆锥形，顶端长尖，被白色长柔毛。叶片厚革质，卵状椭圆形，长7~12 cm，宽4~6.5 cm，顶端渐尖或短尖，基部楔形或稍圆，两面无毛，侧脉7~9对，在两面明显，<u>边缘有浅钝或波状</u><u>钝齿</u>；叶柄长1~2 cm。花白色，单独腋生或数朵集生枝顶，直径约3 cm；花柄粗壮，长1~2.5 cm；萼片近圆形，内面边缘密生白毛；<u>花瓣5，倒卵状圆形，基部外</u><u>面有毛；子房密生丝状茸毛。</u>蒴果褐色，近扁球形，径约1.5 cm，5裂。种子淡褐色，长约7 mm，宽约5 mm，翅有皱纹。花期4~7月，果期翌年9~10月。

[分布]

见于溧阳市南部山区；产于苏州、溧阳等地；分布于我国浙江、江西、江苏、福建、台湾、湖南、广东、广西、海南、贵州、四川及云南等省区。

[特性]

中性偏阳性树种，幼年耐阴，大树喜光；适生于酸性土壤，耐干旱、瘠薄，忌水湿；深根系树种，萌芽力、耐火性极强。

[用途]

木材坚韧，不易开裂，为重要的用材树种，可供建筑、家具等用；为山地造林和生物防火林带造林的主要树种；树干通直，树冠浓郁，花白而多，可作园林绿化树种；树皮与叶均含单宁，可提制栲胶；叶、根皮可入药，根皮可做生物农药。

[附注]

本种为我国地带性常绿阔叶林最常见的建群种之一。

满山红

拉丁学名	*Rhododendron mariesii* Hemsl. et Wils.
英文名称	Maries Rhododendron
主要别名	三叶杜鹃、杜鹃
科　属	杜鹃花科（Ericaceae）杜鹃花属（*Rhododendron*）

[形态特征]

落叶灌木，高1~4 m。树皮灰色。上部的小枝常轮生，幼时被淡黄棕色柔毛，后变无毛。叶2~3片，集生枝顶，叶片纸质或厚纸质，卵状、宽卵形或卵状椭圆形，长4~7.5 cm，宽2~4 cm，顶端急尖，基部圆钝至近平截，全缘或上半部有细圆锯齿，幼时两面均被淡黄棕色长柔毛，后近于无毛。花1~3朵簇生枝端，先叶

图 125　满山红的花

开放；花萼5裂，有毛；花冠淡紫色，漏斗形，长3~4 cm，5深裂，无毛，上面裂片有红色斑点；雄蕊10，略短于花冠，花丝无毛，花药紫红色；子房卵形，长约4 mm，密被棕色长柔毛；花柱比雄蕊长，无毛。蒴果圆柱状，长约1 cm，密被亮棕褐色长柔毛。种子细小，多数。花期4~5月，果期7~8月。

[分布]

　　见于溧阳市山区；产于江苏南部山区；分布于河北、陕西、江苏、安徽、浙江、江西、福建、台湾、河南、湖北、湖南、广东、广西、四川及贵州等省区。

[特性]

　　对气候适应性强；喜酸性土壤，耐干旱、瘠薄。

[用途]

　　花鲜艳美丽，庭院栽培可供观赏；根、叶及花可入药；可作杜鹃花育种的种质资源。

[附注]

　　中国特有树种。

杜 鹃

拉丁学名	*Rhododendron simsii* Planch.
英文名称	Sims's Azalea
主要别名	映山红、杜鹃花、照山红
科　　属	杜鹃花科（Ericaceae）杜鹃花属（*Rhododendron*）

[形态特征]

　　落叶灌木，高达2 m。分枝多，枝条细而直，幼时有亮棕色或褐色扁平糙伏毛，老时无毛，灰黄色。叶互生，2型，常集生枝端，春叶较短，纸质，夏叶较长，近革质，卵状椭圆形、卵形或倒卵形，长3~5 cm，宽2~3 cm，顶端锐尖，基部楔形，全缘，上面暗绿色，疏生白色糙毛，下面淡绿色，密生棕色扁平糙伏毛；叶柄短，长2~6 mm。花2~6朵簇生枝端；花萼5深裂，裂片披针形，长2~4 mm，密生棕色扁平糙伏毛；花冠鲜红色或粉红色，宽漏斗状，长4~5 cm，5裂，上方1~3裂片内面有深红色斑点；雄蕊10枚，不等长，外露，花丝中部以下有微毛，花药紫色；子房有糙伏毛，花柱无毛，柱头头状。蒴果卵圆形，长约1 cm，有棕色糙伏毛和宿存花萼。种子细小，多数。花期4~5月，果期6~8月。

[分布]

　　见于溧阳市山坡、丘陵灌木丛中；产于连云港和苏南地区；分布于江苏、安徽、浙江、江西、福建、台湾、湖北、湖南、广东、广西、四川、贵州和云南等省区，越南及泰国也有分布。

[特性]

　　中性偏阳性树种，喜侧方荫蔽；喜温暖湿润气候，对土壤适应性强，耐干旱、瘠薄。

[用途]

　　全株可供药用；花冠鲜红色，具有较高的观赏价值；可作酸性土指示植物；根桩可用来制作树桩盆景。

[附注]

　　本种为我国十大名花之一。

图126　杜鹃的花

乌饭树

拉丁学名	*Vaccinium bracteatum* Thunb.
英文名称	Sweet Fruits Blueberry, Bracted Races Blueberry
主要别名	南烛、乌米饭、苞越橘
科　属	越橘科（Vacciniaceae）越橘属（*Vaccinium*）

[形态特征]

常绿灌木，高1~4 m。分枝多，幼枝有细柔毛，老枝紫褐色，无毛。叶片革质，椭圆形、长椭圆形或卵状椭圆形，长2.5~6 cm，宽1~2.5 cm，小枝基部几枚叶常略小，顶端急尖，基部宽楔形，边缘有细锯齿，背面中脉略有刺毛，网脉明显；叶柄长2~4 mm。总状花序腋生，长2~6 cm，有短柔毛；苞片披针形，宿存，长5~10 mm，边缘有刺状齿；花梗下垂，被短柔毛；花萼钟状，5浅裂，裂片三角形，被黄色柔毛；花冠白色，卵状圆筒形，长6~7 mm，5浅裂，两面被细柔毛；雄蕊10，花药无芒状附属物；子房下位，密被柔毛。浆果球形，直径4~6 mm，被细柔毛或白粉；熟时紫黑色。种子细小，多数。花期6~7月，果期8~11月。

[分布]

见于溧阳市南部山区；产于苏南各地；分布于我国于长江流域以南各省区，南至台湾、广东及海南，朝鲜、日本、中南半岛诸国、马来半岛、印度尼西亚也有分布。

[特性]

中性偏阳性树种，喜侧方荫蔽；喜温暖湿润气候，对土壤适应性强，耐干旱、瘠薄。

图127　乌饭树的叶

[用途]

可作酸性土的指示植物；果实成熟后酸甜，既可鲜食，也可用以制果酱及酿酒；根和叶可入药；嫩叶捣汁染米，可作乌饭。

[附注]

本种的嫩叶在溧阳市常被采摘制作乌饭，近年来本种的野生资源明显减少。

冬 青

拉丁学名	*Ilex chinensis* Sims
英文名称	Chinese ilex
主要别名	红果冬青、冬青木、万年枝、四季青
科　　属	冬青科（Aquifoliaceae）冬青属（*Ilex*）

[形态特征]

常绿乔木，高达13 m。树皮暗灰色，有纵沟。小枝浅绿色，无毛。叶片薄革质，狭长椭圆形或披针形，长5~11 cm，宽2~4 cm，顶端短渐尖，基部阔楔形，边缘具圆齿，干后呈红褐色，有光泽；叶柄长8~10 mm，有时为暗紫色。花序聚伞状，着生于新枝叶腋内或叶腋外，雄花序有花10~30朵，雌花序有花3~7朵；花瓣淡紫色或紫红色，向外反卷。果实近球形，成熟时深红色，长10~12 mm，直径6~8 mm；有分核4~5颗，背面有1纵沟。花期5~6月，果期9~10月。

[分布]

见于溧阳市山区；产于南京、镇江、溧阳、宜兴和苏州等地；分布于江苏、安徽、浙江、江西、福建、台湾、河南、湖北、湖南、广东、广西和云南等省区，日本也有分布。

[特性]

中性树种，幼树耐阴，成树喜光；喜温暖湿润气候，不耐严寒；较耐干旱、瘠薄；深根系树种，萌芽力、抗风性、抗火性、抗病虫害、抗SO_2、抗烟尘能力强，生长较慢。

[用途]

图128　冬青的叶与核果（浆果状）

为常见的庭园观赏树种；嫩枝可作蔬菜食用；木材坚韧，为细工原料，用于制作玩具、雕刻品和木梳等；树皮及种子可供药用。

[附注]

本种在溧阳山区较为常见，四季常青，秋季红果累累，故名"红果冬青""冬青""四季青"。

枸骨冬青

拉丁学名	*Ilex cornuta* Lindl. et Paxt.
英文名称	Chinese Holly
主要别名	枸骨、老虎刺、鸟不宿、猫儿香、老鼠树、八角刺
科　　属	冬青科（Aquifoliaceae）冬青属（*Ilex*）

图 129　枸骨冬青的叶与核果

[形态特征]

常绿灌木或小乔木，高1~3 m。树皮灰白色，光滑。小枝开展而密生。叶片厚革质，四方状长圆形或卵形，长4~9 cm，宽2~4 cm，顶端较宽，有3枚尖硬刺齿，中央刺齿常反曲，基部截形，两侧各具1~2刺齿，有时全缘，边缘硬骨质；中脉在叶上面凹陷或平，在下面隆起，侧脉3~5对，两面不明显；叶柄长2~3 mm。花部4基数，绿白色至黄色，伞形花序簇生于二年生小枝叶腋内；无总花梗；雄花花梗长约5 mm，无毛，花萼裂片宽三角形，被疏毛；花瓣长圆状卵形，基部联合；雄蕊与花瓣近等长；雌花花梗长7~8 mm；子房长圆状卵球形；柱头盘状。果实圆球形，直径8~10 mm，成熟时鲜红色；分核4，表面具不规则皱纹，背面有1纵沟，内果皮骨质。种子4粒。花期4~5月，果期9~10月。

[分布]

见于溧阳市的山坡、谷地灌木丛中；产于南京、镇江、宜兴、溧阳、无锡、苏州等地；分布于江苏、上海、安徽、浙江、江西、湖北、湖南和云南等省，朝鲜也有分布。

[特性]

中性树种；喜温暖湿润气候；对土壤要求不严；耐干旱、瘠薄；萌芽力、抗风性、抗火性强，耐修剪，生长较慢。

[用途]

树形美丽，果实秋冬红色，可作庭园观赏或绿篱树种；叶、果实和根部可供药用；种子可榨油；木材坚韧，农民用作牛鼻栓；种子含油，可制皂；树皮可制染料。

[附注]

本种小枝密集，叶片厚革质，叶缘有刺齿，故名"老虎刺""鸟不宿""八角刺"。

苦皮藤

拉丁学名	*Celastrus angulatus* Maxim.
英文名称	Angular Staff-tree, Angustem Bittersweet
主要别名	马断肠、大马桑、苦树皮
科　　属	卫矛科（Celastraceae）南蛇藤属（*Celastrus*）

[形态特征]

落叶藤状灌木，长3~7 m。小枝棕褐色，常具4~6纵棱，白色皮孔密而明显。冬芽卵球形，长2~4 mm。叶大形，革质，宽卵形或近圆形，长7~17 cm，宽5~13 cm，顶端有短尾尖，边缘有圆钝齿，侧脉6~7对，下面脉上具短柔毛；叶柄粗壮，长1.5~3 cm；托叶丝状，早落。聚伞状圆锥花序顶生，长10~20 cm，花梗粗壮，有棱；花单性异株，绿白色或黄绿色，直径约5 mm；萼片卵形，长约1.2 mm；花瓣长椭圆形，长约3 mm。果序长达20 cm，果梗粗短，蒴果黄色，近球形，直径8~10 mm。种子椭圆形，棕色，长3.5~5.5 mm，有橙红色假种皮。花期5~6月，果期8~10月。

[分布]

见于溧阳市山区；产于江苏南部地区及盱眙山区；分布于河北、山东、河南、陕西、甘肃、

图130　苦皮藤的叶与蒴果

江苏、安徽、江西、湖北、湖南、四川、贵州、云南、广东及广西等省区。

[特性]

　　阳性树种，稍耐阴；喜温暖湿润气候，耐寒性较强；对土壤要求不严，酸性、中性、微碱性土壤均能适应，耐干旱和瘠薄，忌低洼积水；生长较快，萌芽力强，耐修剪。

[用途]

　　树皮纤维可做造纸及人造棉原料；种子可榨油；根皮和茎皮有毒，可做土农药杀虫。

[附注]

　　中国特有树种。

南蛇藤

拉丁学名	*Celastrus orbiculatus* Thunb.
英文名称	Round-leaved Staff-tree, Oriental Bittersweet
主要别名	降龙草、南蛇风、蔓性落霜红
科　　属	卫矛科（Celastraceae）南蛇藤属（*Celastrus*）

[形态特征]

　　落叶藤本，长3~4 m。小枝四棱形，深褐色，无毛；皮孔近圆形，髓坚实，白色至淡褐色。冬芽小，长1~3 mm，卵圆形，褐色。叶片纸质，近圆形至倒卵形，长5~13 cm，宽3~9 cm，顶端急尖，基部楔形至近圆形，边缘有粗锯齿，近基部全缘，侧脉4~6对；叶柄长1~2 cm；入秋后叶变红色。聚伞花序腋生或在枝

图 131　南蛇藤的叶与蒴果

端成圆锥状而与叶对生，具1~3朵花；花雌雄异株，黄绿色；萼片卵状三角形，长约1.5 mm；花瓣长圆形至倒披针形，长3~5 mm，宽1~2 mm，边缘啮齿状。蒴果近球形，棕黄色，直径8~10 mm，花柱宿存。种子椭圆状球形，褐色，具橙红色假种皮。花期5~6月，果期9~10月。

[分布]

见于溧阳市山沟灌木丛中；产于江苏各地；分布于我国黑龙江、吉林、辽宁、内蒙古、河北、山东、山西、河南、陕西、甘肃、江苏、安徽、浙江、江西、湖北及四川等省区，朝鲜和日本也有分布。

[特性]

阳性树种，耐半阴；喜温暖湿润气候，耐寒、耐旱、耐瘠薄；对土壤要求不严，但以肥沃、湿润及排水良好的砂质壤土为佳；生长较快，萌芽力强，耐修剪。

[用途]

树皮可制作优质纤维；种子可榨油；根、茎和叶可入药；也可作庭院观赏树种。

[附注]

本种为落叶藤本，其叶秋季变红色，故名"蔓性落霜红"。

卫 矛

拉丁学名	*Euonymus alatus*（Thunb.）Sieb.
英文名称	Winged Spindle-tree, Winged Euonymus
主要别名	八树、鬼箭、鬼箭羽、见肿消、小八柴
科　　属	卫矛科（Celastraceae）卫矛属（*Euonymus*）

[形态特征]

落叶灌木，高达1~3 m。小枝四棱形，有2~4排棕褐色木栓质阔翅，翅宽可达1 cm，或有时无翅。叶片纸质，对生，无毛，椭圆形或菱状倒卵形，长2~6 cm，宽1.5~3.5 cm，顶端急尖，基部楔形，或阔楔形至近圆形，侧脉6~8对，网脉明显，边缘有细尖锯齿；叶柄长1~2 cm，或几无柄。聚伞花序腋生，有3~5朵花，总花梗长0.5~3 cm；花淡黄绿色，直径5~7 mm，4基数；萼片半圆形，绿色，长约1 mm；花瓣倒卵圆形，长约3.5 mm；子房4室，通常1~2心皮发育。蒴果棕褐色带紫，深

裂成4裂片，裂瓣长卵形。种子
褐色，椭圆形，有橙红色假种
皮，全部包围种子。花期4~6
月，果期9~10月。

[分布]

　　见于溧阳市山区；产于江苏
各地山区；分布于我国长江中、
下游至河北、辽宁和吉林等省，
朝鲜和日本也有分布。

[特性]

图132　卫矛的木栓质阔翅与聚伞花序

　　适应性强，耐寒、耐阴；
耐干旱、瘠薄，耐修剪；对SO_2抗性较强；生长缓慢。

[用途]

　　木栓翅可入药，称"鬼箭羽"，有活血、通络、止痛的功效；种子可榨油；
嫩叶和霜叶均为紫色，可作庭院观赏植物；木材可用于做工具把柄或用于雕刻；
茎与叶可提制栲胶。

[附注]

　　本种的小枝常有2~4排木栓质的阔翅，故名"鬼箭""鬼箭羽"。

扶芳藤

拉丁学名	*Euonymus fortunei*（Turcz.）Hand.-Mazz.
英文名称	Fortune Spindle-tree
主要别名	攀援丝棉木
科　　属	卫矛科（Celastraceae）卫矛属（*Euonymus*）

[形态特征]

　　常绿匍匐或攀援灌木，高达1.5 m。枝上通常有多数细小气生根附着他物；小
枝绿色，有细密疣状皮孔。冬芽卵形，长5~7 mm，芽鳞革质，绿色，边缘紫褐
色。叶对生，薄革质，椭圆形至椭圆状卵形，长3.5~8 cm，宽1.5~4 cm，顶端短渐

尖或短锐尖，基部阔楔形或近圆形，边缘有钝锯齿，侧脉5~6对，网脉不明显；叶柄长0.4~1.5 cm。聚伞花序腋生，有花5~17，总花梗长2~5 cm；花绿白色，4基数，直径约6 mm；萼片半圆形；花瓣近圆形，直径2~3 mm；花丝细长，长2~3 mm，花药圆心形；花盘方形；子房球形，花柱柱状，长约2 mm。蒴果近球形，淡红色，直径6~12 mm，稍有4凹陷。种子卵形，长约4~6 mm，有橙红色假种皮，全包种子。花期5~7月，果期10月。

[分布]

见于溧阳市各地，生于林缘、村庄、岩石上；产于江苏各地；分布于江苏、浙江、安徽、江西、湖北、湖南、陕西、山西、河南、山东、广西、四川和云南等省区，南亚和东南亚等地也有分布。

[特性]

中性偏阳性树种；喜湿、耐阴，对气候、土壤适应性强，耐干旱、瘠薄；攀援能力强。

[用途]

茎与叶可入药；枝叶常绿，喜攀援，是庭院绿化、花架缠绕和做绿篱的良好材料。

[附注]

本种是卫矛属（*Eu-onymus*）中分布最广的种类，形态变异大。

图133　扶芳藤

青皮木

拉丁学名	*Schoepfia jasminodora* Sieb. et Zucc.
英文名称	Jasminodra Greytwig
主要别名	幌幌木、羊脆骨、素馨地锦树
科　　属	铁青树科（Olacaceae）青皮木属（*Schoepfia*）

[形态特征]

落叶小乔木，高3~10 m。树皮灰白色。小枝灰褐色，有长枝和短枝。叶片纸质，卵形或卵状披针形，长4~7 cm，宽2~4 cm，顶端渐尖或近尾尖，基部圆形或截形，全缘，无毛；叶柄淡红色，短而稍扁。聚伞状总状花序腋生，长2.5~5 cm，通常具2~4朵花；无花柄；花萼杯状，贴生子房，宿存；花冠白色或淡黄色，钟形，长5~7 mm，宽3~4 mm，顶端4~5裂，裂片向外反曲，内面近花药处生1束丝状体；雄蕊与花冠同数而对生，无退化雄蕊；柱头3裂，伸出于花冠之外。核果圆球状，长约1 cm，成熟时紫红色。花期4~5月，果期7~8月。

图 134　青皮木的叶与果实（左上图）

[分布]

见于溧阳市山坡、沟边疏林中；产于宜兴、溧阳等地；分布于我国长江流域以南及西南各省区，日本、越南和泰国也有分布。

[特性]

中性树种，稍耐阴；喜温暖湿润气候；对土壤适应性强。

[用途]

木材洁白细致，可供雕刻及细木工用；果实可提制脂肪油；可作园林绿化观赏树种。

[附注]

本种枝条易于折断，故名"羊脆骨"。

胡颓子

拉丁学名	*Elaeagnus pungens* Thunb.
英文名称	Thorny Elaeagnus
主要别名	大麦果、麦婆拉、甜棒捶
科　　属	胡颓子科（Elaeagnaceae）胡颓子属（*Elaeagnus*）

[形态特征]

常绿直立灌木，高3~4 m。全株被褐色鳞片，具棘刺。叶互生，厚革质，椭圆形或矩圆形，长5~10 cm，宽1.8~5 cm，顶端钝尖，基部通常圆形，稀钝形，边缘皱曲，呈微波状或微反卷，幼时上面有银白色鳞片，并散生少数褐色鳞片，成熟后脱落，具光泽，下面密被银白色鳞片，并散生少数褐色鳞片；侧脉7~9对，近叶缘处网结，网脉在上面显著；叶柄5~8 mm。花白色或银白色，芳香，密被褐色鳞片，1~3朵生于叶腋锈色短枝上；花梗长3~5 mm；萼筒圆筒形或漏斗形，长5~7 mm。核果椭圆形，长12~14 mm，幼时被褐色鳞片，成熟时红色，果梗长4~6 mm。花期9~11月，果期翌年4~6月。

[分布]

见于溧阳市向阳山坡、路旁、沟谷溪边或林缘；产于江苏南部地区；分布于浙江、江苏、福建、安徽、江西、湖北、湖南、贵州、广东和广西等省区，日本也有分布。

[特性]

阳性树种，较耐阴；对气候、土壤要求不严；耐修剪，抗风性、抗火性强。

[用途]

果味甜，可生食，也可酿酒；果、叶和根可入药；茎皮纤维可造纸和做人造纤维板；可作岩质边坡的绿化先锋树种，也可作绿篱或盆景树种。

图 135　胡颓子的枝刺和果实

[附注]

本种核果椭圆形，成熟时有甜味，外形似麦粒，故名"大麦果"。

牛奶子

拉丁学名	*Elaeagnus umbellata* Thunb.
英文名称	Autumu Elaeagnus, Autumu Olive
主要别名	甜枣、麦粒子、秋胡颓子
科　　属	胡颓子科（Elaeagnaceae）胡颓子属（*Elaeagnus*）

[形态特征]

　　落叶直立灌木，高1~4 m。枝常有刺，幼枝密被银白色鳞片，老时脱落。芽银白色或褐色至锈色。叶片纸质，椭圆形至卵状椭圆形，长3~8 cm，宽1~3.2 cm，顶端钝尖，基部圆形至宽楔形，边缘全缘或波状，上面幼时具白色鳞片或星状毛，后脱落，下面密被银白色鳞片，并散生少数淡黄色鳞片；侧脉5~7对；叶柄银白色，长5~7 mm。花先叶开放，黄白色，芳香，密被银白色鳞片，1~7朵花簇生新枝基部；花梗银白色，长3~6 mm；雄蕊4，花丝长约为花药的一半；花柱直立，疏生白色星状毛，长6.5 mm，柱头侧生。核果近球形，直径5~7 mm，幼时绿色，成熟时红色；果梗长4~10 mm。花期4~5月，果期9~10月。

[分布]

　　见于溧阳市的向阳山坡、疏林下、灌木丛或沟谷；产于江苏南部山区及连云港地区；分布于华北、华东及西南各省区和陕西、甘肃、青海、宁夏、辽宁和湖北等省区，日本、韩国、朝鲜、中南半岛、印度、尼泊尔、不丹、阿富汗、意大利等地均有分布。

[特性]

　　阳性树种；对气候、土壤适应性强；耐干旱、瘠薄，抗风性强。

图136　牛奶子

[用途]

果实可生食，并可供制果酒、果酱和入药；也可庭院栽培供观赏或作盆景材料；可作岩质边坡的绿化先锋树种。

[附注]

本种果实秋季成熟，故名"秋胡颓子"。

猫 乳

拉丁学名	*Rhamnella franguloides*（Maxim.）Weberb.
英文名称	Frangula-like Rhamnella
主要别名	卵叶猫乳、长叶绿柴
科 属	鼠李科（Rhamnaceae）猫乳属（*Rhamnella*）

[形态特征]

落叶灌木或小乔木，高2~9 m。幼枝绿色，被短柔毛。叶片纸质，单叶互生，倒卵状长圆形、倒卵状椭圆形至长圆形，长4~12 cm，宽2~5 cm，顶端尾状渐尖或短突尖，基部楔形至圆形，稍偏斜，边缘具细锯齿，表面绿色，无毛，背面黄绿色，被柔毛或仅沿脉被柔毛；侧脉5~11对；叶柄长2~6 mm，密被柔毛。花小，黄绿色，两性，6~18个排成腋生聚伞花序；萼片卵形三角状，边缘被疏短毛；花瓣宽倒卵形，顶端微凹；花梗长1.5~4 mm，被疏毛或无毛。核果圆柱形，长7~9 mm，直径3~4.5 mm，成熟时红色或橘红色，干后黑色或紫褐色；果梗长3~5 mm，被疏柔毛或无毛；有1核。种子1粒。花期5~6月，果期7~10月。

[分布]

见于溧阳市的山坡、路旁或灌木林中；产于江苏各地；分布于陕西、山西、河北、河南、山东、江苏、安徽、浙

图137 猫乳的叶与果实（示成熟时橘红色，干后黑色或紫褐色）

江、江西、湖南及湖北等省，日本和朝鲜也有分布。

[特性]

阳性树种；喜温暖湿润气候；对土壤适应性强；耐干旱、瘠薄。

[用途]

枝叶扶疏，果色艳美，可栽培作观赏树种；树皮纤维可制麻袋；根可供药用；茎皮含绿色染料；幼叶可作野菜。

[附注]

本种核果短圆柱形，外形似猫的乳头，故名"猫乳"。

圆叶鼠李

拉丁学名	*Rhamnus globosa* Bunge
英文名称	Lokao Buckthorn
主要别名	山绿柴、圆鼠李、黑旦子
科　属	鼠李科（Rhamnaceae）鼠李属（*Rhamnus*）

[形态特征]

落叶灌木，高达2 m。当年生小枝红褐色，后变灰褐色，近对生，被短柔毛，枝端具针刺。叶片纸质或薄纸质，近对生或聚生在短枝顶端，倒卵形至近圆形，有时为宽椭圆形，长2~4 cm，宽1.5~3.5 cm，顶端突尖或短渐尖，基部宽楔形或圆形，边缘有细钝锯齿，两面有短柔毛，侧脉3~4对，上面下陷，下面隆起。花单性异株，黄绿色，常聚生于短枝或长枝下部叶腋；雄花花萼4裂，花瓣4，匙形，雄蕊4；雌花的花瓣和退化的雄蕊成钻形，花柱2裂。核果近球形，直径约

图138　圆叶鼠李的叶与核果

6 mm，基部有宿存的萼筒，成熟时黑色；果柄长5~8 mm，有疏柔毛。种子黑褐色，有光泽，背面下部有纵沟。花期4~5月，果期8~10月。

[分布]

见于溧阳市山坡杂木林或灌木丛中；产于连云港、扬州、南京及苏南地区；分布于辽宁、河北、山西、河南、陕西、山东、安徽、江苏、浙江、江西、湖南及甘肃等省，朝鲜及日本也有分布。

[特性]

阳性树种，耐侧方荫蔽；对气候、土壤适应性强，耐干旱、瘠薄。

[用途]

种子可榨油；茎皮、果实及根可做绿色染料；果实可药用；种子富含油脂；也可作边坡绿化的先锋树种或盆景材料。

[附注]

本种叶形变化大，有时枝端针刺不明显。

雀梅藤

拉丁学名	*Sageretia thea*（Osbeck）Johnst.
英文名称	Hedge Sageretia
主要别名	对节刺
科　　属	鼠李科（Rhamnaceae）雀梅藤属（*Sageretia*）

[形态特征]

藤状或直立灌木。小枝互生或近对生，灰色或灰褐色，密生短柔毛，具刺状短枝。叶近对生或互生，纸质或薄革质，通常椭圆形、卵形或卵状椭圆形，长0.8~4 cm，宽1~1.5 cm，顶端有小尖头，基部近圆形或心形，边缘具细锯齿，表面无毛，背面稍有毛或两面有柔毛，后脱落；侧脉每边3~5条，上面不明显，下面明显凸起；叶柄长2~7 mm，被短柔毛。穗状圆锥花序密生短柔毛；花小，绿白色，无柄。核果近圆球形，直径约5 mm，熟时紫黑色。种子扁平，两端微凹。花期7~11月，果期翌年3~5月。

[分布]

　　见于溧阳市山坡路旁和林缘；产于江苏南部各地；分布于安徽、江苏、浙江、江西、福建、台湾、广东、广西、湖南、湖北、四川和云南等省区，印度、越南、泰国、朝鲜及日本也有分布。

[特性]

　　阳性树种，较耐阴；喜温暖湿润气候，不耐严寒；对土壤要求不严，耐干旱、瘠薄；根系发达，生长较快，萌芽力强，耐修剪。

图 139　雀梅藤的枝叶（右下图示穗状圆锥花序）

[用途]

　　本种为盆景素材的佳品；果味酸甜，可食用；嫩叶可代茶；可栽培做绿篱；全株可入药。

[附注]

　　本种在溧阳市境内分布广泛，其叶形和大小变化较大。

酸　枣

拉丁学名	*Ziziphus jujuba* Mill. var. *spinosa*（Bunge）Hu ex H. F. Chow
英文名称	Spine Date
主要别名	棘、角针、酸枣子、山枣
科　　属	鼠李科（Rhamnaceae）枣属（*Ziziphus*）

[形态特征]

　　落叶灌木或小乔木，高1~3 m。托叶刺有2种，一种直伸，长达3 cm，另一种弯曲。叶片椭圆形至卵状披针形，长1.5~3.5 cm，宽0.6~1.2 cm，边缘有细锯齿，基部3出脉。花黄绿色，2~3朵簇生于叶腋。核果小，熟时红褐色，近球形或长圆形，长0.7~1.5 cm，味酸，核两端钝。花期4~5月，果期8~9月。

[分布]

见于溧阳市向阳干燥的山坡、丘陵、岗地或平原；产于徐州、连云港、盱眙、南京、溧阳等地；分布于我国吉林、辽宁、河北、山东、山西、陕西、河南、甘肃、新疆、安徽、江苏、浙江、江西、福建、广东、广西、湖南、湖北、四川、云南及贵州等省区，朝鲜和俄罗斯也有分布。

图140　酸枣的枝叶（示枝具刺）与花

[特性]

阳性树种；喜温暖湿润气候，耐寒性强；对土壤要求不严，耐干旱、瘠薄。

[用途]

种仁可入药；果实富含维生素C，可生食或制作果酱；花芳香，多蜜腺，为重要的蜜源植物；枝具锐刺，可做绿篱；茎皮可提制栲胶。

[附注]

本种隶属于枣属（*Ziziphus*），果实味酸，故名"酸枣"。

爬山虎

拉丁学名	*Parthenocissus tricuspidata*（Sieb. et Zucc.）Planch.
英文名称	Japanese Creeper, Boston Ivy
主要别名	爬墙虎、地锦
科　　属	葡萄科（Vitaceae）地锦属（*Parthenocissus*）

[形态特征]

大型落叶攀援木质藤本。枝较粗壮。卷须短，5~9分枝，顶端膨大成吸盘。叶两型，宽卵形，长10~20 cm，宽8~17 cm，幼枝及老枝下部的叶通常3全裂或为3小叶复叶，花枝上的叶为单叶，基部心形，边缘有粗锯齿，上面无毛，下面脉上有毛，叶柄长8~20 cm。多歧聚伞花序，常生于两叶之间的短枝上，长4~8 cm，较叶柄短；花瓣5，长椭圆形，顶端反卷，黄绿色；花萼全缘；雄蕊5，与花瓣对生，花药长椭圆卵形；子房2室，椭球形，每室2胚珠。浆果蓝黑色，直径1~1.5 cm，常被白粉。种子1~3颗，倒卵圆形。花期5~8月，果期9~11月。

[分布]

见于溧阳市各地；产于江苏各地；分布于吉林、辽宁、河北、河南、山东、安徽、江苏、浙江、福建及台湾等省，朝鲜、韩国和日本也有分布。

[特性]

弱阳性树种，喜阴；对气候、土壤适应性强；耐寒，耐干旱、瘠薄；对Cl_2抗性强；攀援力强，生长快。

图 141　爬山虎的叶与浆果

[用途]

秋季叶色变红，可栽培作垂直绿化观赏植物，具较强的空气净化作用；根和茎可入药；果实可酿酒。

[附注]

本种为大型木质藤本，其卷须末端膨大成吸盘，易于攀爬，常攀援于岩石或墙壁上，故名"爬山虎""爬墙虎"。

毛葡萄

拉丁学名	*Vitis heyneana* Roem. et Schult.
英文名称	Chinese wild grape
主要别名	茸毛葡萄、五角叶葡萄
科　　属	葡萄科（Vitaceae）葡萄属（*Vitis*）

[形态特征]

落叶木质藤本。幼枝圆柱形，有纵棱纹，密被灰白色茸毛，老枝棕褐色。叶片草质，卵圆形或卵状五角形，叶长4~12 cm，宽3~8 cm，顶端急尖或渐尖，基部心形或微心形，边缘有小锯齿，表面绿色，初时有毛，背面密被灰白色或褐色茸毛，后脱落；基出脉3~5条；叶柄长2.5~6 cm，密被蛛丝状毛。花杂性异株；圆锥花序疏散，与叶对生；花瓣5；雄蕊5，花丝丝状，花药黄色；雌蕊1，子房卵

图142 毛葡萄的叶背与浆果

形，花柱短。浆果圆球形，熟时黑色，有白粉，直径7~12 mm。种子倒卵形，顶端圆形，基部有短喙。花期4~6月，果期6~10月。

[分布]

见于溧阳市山坡、沟谷丛林中；产于连云港、南京、宜兴、溧阳等地；分布于山西、陕西、甘肃、山东、河南、安徽、江苏、江西、浙江、福建、广东、广西、湖北、湖南、四川、贵州、云南及西藏等省区，尼泊尔、不丹和印度也有分布。

[特性]

阳性树种，适应性强，较耐干旱和瘠薄。

[用途]

果实味甜，可生食。

[附注]

本种隶属于葡萄属（*Vitis*），其枝和叶密被茸毛，故名"毛葡萄""茸毛葡萄"。

紫金牛

拉丁学名	*Ardisia japonica*（Thunb.）Bl.
英文名称	Japanese Ardisia
主要别名	矮地茶、千年不大、平地木
科　　属	紫金牛科（Myrsinaceae）紫金牛属（*Ardisia*）

图 143　紫金牛的叶与核果

[形态特征]

常绿小灌木。有匍匐根状茎，长而横走，稍分枝。茎高20~40 cm，不分枝，幼时密被短柔毛，后变无毛。叶对生或在枝端轮生，坚纸质或近革质，狭椭圆形至宽椭圆形，顶端急尖，基部楔形，长4~7 cm，宽1.5~4 cm，边缘具细锯齿，散生腺点，背面中脉有毛，侧脉5~8对，细脉网状；叶柄长6~10 mm，被细柔毛。聚伞或近伞形花序，腋生或近顶生，有花3~5朵，常下垂，总花梗长5~7 mm；花冠白色或带粉红色，裂片宽卵形，具红色腺点；雄蕊较花冠略短，花药披针状卵形，背部具腺点；雌蕊与花冠等长。核果球形，直径6~8 mm，成熟时鲜红色，有黑色腺点；内有1颗种子。花期4~6月，果期9~11月。

[分布]

见于溧阳市山坡林下、谷地、溪旁阴湿处；产于连云港和苏南地区；分布于我国陕西及长江流域以南各省区，朝鲜和日本也有分布。

[特性]

阴性树种，极耐阴；喜温暖湿润气候；对土壤要求不严。

[用途]

全株及根可供药用；果实红色，色泽鲜艳，颇为美观，可栽培作观赏植物。

[附注]

本种为矮小灌木，叶形似茶（*Camellia sinensis*），并有匍匐根状茎，故名"千年不大""矮地茶"。

君迁子

拉丁学名	*Diospyros lotus* Linn.
英文名称	Dateplum Persimmon
主要别名	黑枣、软枣
科　　属	柿树科（Ebenaceae）柿属（*Diospyros*）

[形态特征]

落叶乔木，高达14 m。树皮光滑不开裂，老时呈不规则小方块状开裂。嫩枝被灰黄色皱曲短柔毛；小枝灰褐色，无毛，皮孔明显。单叶互生，叶片纸质，全缘，椭圆形至长圆形，长6~12 cm，宽3.5~5.5 cm，先端渐尖或微突尖，基部楔形至近圆形，表面深绿色，幼时密生柔毛，后脱落，背面粉绿色，密被短柔毛；叶柄长0.5~1.5 cm。花单性，雌雄异株，淡黄色或淡红色；花萼密生柔毛，4深裂，裂片卵形；花冠钟状或坛状，4裂；雄花2~3朵，簇生，长约5 mm；雌花单生叶腋，长约1 cm。浆果球形，直径1~1.5 cm，熟时蓝黑色，外有白蜡层，近无柄，宿存萼稍反曲。种子长圆形，扁平。花期5月，果期10~11月。

[分布]

见于溧阳市丘陵山区；产于江苏各地山区；分布于华东、中南和西南地区及西藏、辽宁、河北、山东和陕西等省区，亚洲西部、小亚细亚及欧洲南部也有分布。

[特性]

阳性树种，稍耐阴；喜温暖湿润气候，耐寒、耐旱；宜深厚、

图144　君迁子的叶与花

湿润及排水良好的中性土壤；生长较快，根系发达，对SO$_2$等有害气体抗性较强。

[用途]

材质优良，木材坚硬，可制精美家具和文具；果可生食，也可以酿酒；种子可入药；树皮可提制鞣质和制人造棉；植株为柿树良种嫁接的常用砧木。

[附注]

本种果实较小，成熟时由硬变软，呈蓝黑色，故名"黑枣""软枣"。

老鸦柿

拉丁学名	*Diospyros rhombifolia* Hemsl.
英文名称	Diamondleaf Persimmon
主要别名	菱叶柿
科　　属	柿树科（Ebenaceae）柿属（*Diospyros*）

[形态特征]

落叶灌木，高2~4 m。树皮灰褐色，有光泽。枝有刺，嫩枝淡紫色，有柔毛。冬芽小，长约2 mm，有柔毛或粗伏毛。叶片纸质，卵状菱形至倒卵形，长3~6 cm，宽2~3 cm，顶端短尖或钝；基部狭楔形，表面沿脉有黄褐色毛，后变无毛，背面疏生伏柔毛；中脉及侧脉在上面凹陷，叶背隆起；叶柄纤细。花白色，单生叶腋；花萼宿存，革质，裂片长椭圆形或披针形，有明显的直脉纹，花后增大，向后反曲。浆果单生，卵球形，直径约2 cm，熟时橘红色，有蜡质光泽，无毛，顶端有小突尖；果柄纤细，长约2 cm。种子2~4颗，褐色，半球形或近三棱形，长约1 cm，宽约6 mm。花期4月，果期8~10月。

图145　老鸦柿的叶与浆果

[分布]

见于溧阳市山坡灌木丛或林缘；产于江苏各地山区；分布于

浙江、江苏、安徽、江西、福建等省。

[特性]

阳性树种，较耐阴；耐寒、耐旱、耐瘠薄；不择土壤，但以肥沃、湿润及排水良好的微酸性土壤为佳；生长较缓慢，萌芽力和萌蘖性强。

[用途]

根或枝可入药；果可食，也可榨汁提取柿漆；实生苗可作柿树的砧木；也可作绿篱或盆景材料。

[附注]

中国特有树种。

竹叶花椒

拉丁学名	*Zanthoxylum armatum* DC.
英文名称	Bambooleaf Pricklyash
主要别名	崖椒、川椒、花椒、竹叶椒
科　　属	芸香科（Rutaceae）花椒属（*Zanthoxylum*）

[形态特征]

常绿灌木或小乔木，高1~3 m。幼枝光滑，皮刺对生，基部宽扁。奇数羽状复叶，互生，小叶3~5或7，披针形或椭圆状披针形，两端尖，顶端小叶较大，边缘有细小圆锯齿，叶轴及总柄有宽翅和皮刺。花单性，黄绿色；花被片6~8，排成一轮；雄花的雄蕊6~8，花丝细

图146　竹叶花椒的叶与蓇葖果

长，常与花药等长；雌花心皮2~4，花柱略微侧生，成熟心皮1~2。蓇葖果紫红色，表面有粗大凸起的油点。种子卵形，径3~4 mm，褐黑色，有光泽。花期5~6月，果期8~9月。

[分布]

　　见于溧阳市山坡、丘陵的灌木丛或荒草中；产于南京、扬州、镇江、苏州、无锡、溧阳等地；分布于我国东南部至西南部，北至陕西、甘肃等省，日本、朝鲜和越南也有分布。

[特性]

　　中性偏阳性树种，喜半阴环境；对土壤适应性强，耐寒、耐干旱。

[用途]

　　果皮可代花椒作调味料；果实和枝叶可提取芳香油；种子含脂肪油；果、根和叶可入药；也可作绿篱或盆景材料。

[附注]

　　本种的小叶通常披针形，似竹叶，故名"竹叶椒""竹叶花椒"。

臭　椿

拉丁学名	*Ailanthus altissima*（Mill.）Swingle
英文名称	Tree of Heaven Ailanthus
主要别名	椿树、樗树、凤眼草、青树花
科　　属	苦木科（Simaroubaceae）臭椿属（*Ailanthus*）

图 147　臭椿的叶与翅果

[形态特征]

　　落叶乔木，高达20 m。树皮灰白色、浅灰色至暗灰色，平滑而有直纹。枝粗壮，具髓心，小枝叶痕呈马蹄形。叶为1回奇数羽状复叶，长40~60 cm，叶柄长7~13 cm，有小叶13~27；小叶对生或近对生，纸质，卵状披针形，长7~13 cm，宽2.5~4 cm，顶端渐尖，基部偏斜，边缘近基部有1~2个大锯齿，齿端有腺体，揉碎后有臭味。圆锥花序长10~30 cm；花淡绿色，花梗长1~2.5 mm；萼片5，覆瓦状排列，裂片长0.5~1 mm；花瓣5，长2~2.5 mm，基部两侧被硬粗毛；雄蕊10，花丝基部密被硬粗毛，雄花中的花丝长于花瓣，雌花中的花丝短于花瓣；花药长圆形；心皮5，花柱粘合，柱头5裂。翅果长椭圆形，长3~4.5 cm，宽1~1.2 cm，内有1粒种子，位于翅果的近中部。花期4~5月，果期8~9月。

[分布]

见于溧阳市各地，喜生于向阳山坡或灌木丛中；产于江苏各地；分布于江苏、江西、安徽、湖南、湖北、河南、河北、山东、陕西、山西、云南、四川、广东、广西及辽宁等省区，世界各地广为栽培。

[特性]

强阳性树种；深根系树种，萌芽力强，速生；对气候、土壤要求不严；极耐干旱和瘠薄，但不耐水湿；对SO_2、HF、Cl_2、NO_2、NH_3等有毒气体抗性强，耐烟尘，但对烯烃抗性弱。

[用途]

木材黄白色，可制作农具、车辆等；树皮、根皮、果实均可入药；种子可榨油；可作石灰岩地区的造林树种；也可作为风景树和行道树。

[附注]

中国特有树种，适应性强，在美国等地已成为外来入侵种。

楝 树

拉丁学名	*Melia azedarach* Linn.
英文名称	Chinaberry-tree
主要别名	苦楝、楝、楝枣树、翠树
科　　属	楝科（Meliaceae）楝属（*Melia*）

[形态特征]

落叶乔木，高达30 m。树皮暗褐色，纵裂。小枝具明显的皮孔及叶痕。2~3回奇数羽状复叶，长20~40 cm，幼时有星状毛；小叶对生，卵形至椭圆形，顶生一片通常略大，长3~7 cm，宽2~3 cm，边缘有钝尖锯齿，深浅不一，有时微裂。圆锥花序与叶等长或较短，无毛或幼时有鳞片状短柔毛，芳香；花萼5深裂，裂片

披针形，有短柔毛和星状毛；花
瓣5，淡紫色，倒披针形，有短
柔毛；雄蕊10。核果近球形，长
1~2 cm，宽8~15 mm，淡黄色，
外果皮薄革质，中果皮肉质，内
果皮木质，4~5室；每室有种子1
颗，种子椭圆形。花期4~5月，
果期10月。

图 148　楝树的圆锥花序

[分布]

见于溧阳市各地，生于向阳
旷地、路旁或村落附近；产于江苏各地；分布于我国中部和南部各省区，广布于
亚洲热带和亚热带地区，温带地区有栽培。

[特性]

阳性树种；对气候、土壤要求不严；对SO_2、Cl_2等有毒气体抗性强。

[用途]

木材质轻软，有光泽，易加工，是家具、建筑和农具的良好用材；果核可榨
油，供制漆、作润滑油和制皂；可作平原及低海拔丘陵地区的良好速生造林树
种，用作村边路旁种植也较为适宜。

[附注]

本种隶属于楝属（*Melia*），含有苦楝碱，味苦，故名"苦楝"。

栾　树

拉丁学名	*Koelreuteria paniculata* Laxm.
英文名称	Panicled Goldraintree
主要别名	栾华、木栾
科　　属	无患子科（Sapindaceae）栾树属（*Koelreuteria*）

[形态特征]

落叶乔木，高可达15 m。小枝淡褐色，有显著皮孔。叶为1回或不完全的2回

奇数羽状复叶，连柄长20~40 cm，叶柄和叶轴上面有沟槽；小叶7~15，纸质，互生或近对生，卵形或卵状披针形，长4~9 cm，宽2~3.5 cm，顶端渐尖，基部钝或宽楔形，边缘有粗重锯齿或缺刻状分裂，有时为羽状裂，深达基部而成不完全的2回

图149 栾树（示圆锥花序顶生）

羽状复叶，两面仅沿叶脉有短柔毛。圆锥花序大，长25~35 cm；花瓣淡黄色，中心紫色，花时反折；萼片5，不等大；花瓣4，瓣柄有柔毛；雄蕊8，花丝被长柔毛，花药有疏毛。蒴果圆锥状，具3棱，长4~6 cm，有网状脉纹，顶端渐狭而成短尖。种子近球形，直径6~8 mm。花期6~8月，果期9~10月。

[分布]

见于溧阳市村落附近；产于江苏各地；分布于我国东北、华北、华东及西南各省区。

[特性]

阳性树种，稍耐阴；喜温暖湿润气候，耐寒性较强；酸性和中性土壤均能适应，也能耐轻盐碱土壤，但以深厚、肥沃及排水良好的微酸性土壤为佳；深根系树种，生长快，萌芽力强，耐修剪；对SO_2、Cl_2等有毒气体及粉尘污染均有较强抗性。

[用途]

常栽培作庭园观赏树种、庭荫树和行道树；木材黄白色，易加工，可制家具；花可供药用，也可做黄色染料；种子可榨油。

[附注]

中国特有树种，由于广泛栽培，在溧阳市有逸生。

红枝柴

拉丁学名	*Meliosma oldhamii* Maxim.
英文名称	Oldham Meliosma
主要别名	红柴枝、奥氏泡花树、南京柯楠树
科　　属	清风藤科（Sabiaceae）泡花树属（*Meliosma*）

[形态特征]

落叶乔木，高达20 m。树皮浅灰色，略粗糙。小枝粗壮，叶痕大而明显。单数羽状复叶，连柄长15~30 cm；小叶7~15，薄纸质，卵状椭圆形至披针状椭圆形，长5~10 cm，宽1.5~3 cm，顶端渐尖，基部钝或圆形，边缘有稀疏而尖锐的小锯齿，两面疏生柔毛，叶背脉腋有髯毛，侧脉7~8对，背面凸起；小叶柄长2~4 mm。圆锥花序顶生，直立，长和宽为15~30 cm，有褐色短柔毛；花小，白色，长2.5~3 mm；花柄长1~1.5 mm；萼片5，卵状椭圆形；花瓣5，外面3片较大，近圆形，内面2片小；雄蕊5，3枚退化；子房有黄色粗毛。核果球形，直径3~4 mm，熟时黑色。花期6月，果期8~9月。

[分布]

见于溧阳市山坡林中；产于连云港和江苏南部地区；分布于贵州、广西、广东、江西、浙江、江苏、安徽、湖北、河南、陕西和台湾等省区，朝鲜和日本也有分布。

[特性]

阳性树种；对气候、土壤要求不严；耐干旱、瘠薄。

图 150　红枝柴的复叶

[用途]

木材坚硬，可用于制作车辆和农具等；种子可榨油，供制润滑油；花序大型，花朵芬芳，可栽培作绿化观赏树种。

[附注]

本种为高大落叶乔木，在中国的第一份标本于1926年采自南京，故名"南京柯楠树"。

黄连木

拉丁学名	*Pistacia chinensis* Bunge
英文名称	Chinese Pistache
主要别名	黄连头、黄楝树、黄泥头、楷树
科　属	漆树科（Anacardiaceae）黄连木属（*Pistacia*）

[形态特征]

落叶乔木，高达25 m。树皮暗褐色，呈鳞片状剥落。幼枝棕褐色，被短柔毛及皮孔。冬芽红色，有香气。枝叶揉碎有浓烈气味。1回偶数羽状复叶，互生；小叶10~14，披针形，有短柄，长5~8 cm，宽约2 cm，顶端渐尖，全缘，基部斜楔形，两面主脉上有微柔毛。花先叶开放，花小，无花瓣；雌雄异株，雄花为总状花序，雌花排为疏松的圆锥花序。核果倒卵圆形，直径约6 mm，顶端有小尖头，初为黄白色，成熟时变红色、蓝紫色。种子压扁，无胚乳。花期4月，果期10~11月。

[分布]

见于溧阳市各地；产于江苏各地；分布于我国长江以南各省区及华北、西北等地区，菲律宾也有分布。

[特性]

阳性树种；对气候、土壤要求不严，能耐轻盐土；耐干旱、瘠薄；深根系树种，萌芽力、抗风力强，寿命长；对烟尘、SO_2抗性强。

[用途]

木材鲜黄色，可提黄色染料；材质坚硬致密，可供家具和细工用材；嫩叶和嫩芽可供蔬食，嫩叶也可代茶；种子可榨油；也可作为园林绿化树种或蜜源植物。

[附注]

本种在溧阳市山区较为常见，叶通常为1回偶数羽状复叶，偶有1回奇数羽状复叶。

图151　黄连木的核果

盐肤木

拉丁学名	*Rhus chinensis* Mill.
英文名称	Chinese Sumac
主要别名	柘柴、五倍子、猪草树、盐麸木
科　　属	漆树科（Anacardiaceae）盐肤木属（*Rhus*）

[形态特征]

落叶灌木或小乔木，高5~10 m。枝开展，被灰褐色柔毛，密布皮孔和残留的三角形叶痕。芽裸生，密被黄褐色柔毛。奇数羽状复叶，互生；小叶7~13，叶轴常有绿色狭翅，叶轴和叶柄密被锈色柔毛；小叶卵圆形至卵状椭圆形，长6~12 cm，宽4~6 cm，顶端急尖，基部圆形至楔形，边缘有粗锯齿，叶背灰白色；最上部的一片小叶基部下延呈翅状，上面近无毛或仅主脉上密被污色黄毛，下面密被黄褐色或灰褐色柔毛，近无柄。圆锥花序顶生，密生灰色柔毛；雄花序长达40 cm，雌花序短；花小，杂性，淡黄白色；萼片5；花瓣5，覆瓦状排列；雄蕊5，插生于花瓣下部；子房上位，胚珠1，花柱3裂，分离。核果近圆形，熟时红色，径约5 mm，有灰白色短腺毛，内有1粒种子。花期8~9月，果期10月。

[分布]

见于溧阳市山坡林中；产于江苏各地；除青海和新疆外，我国其余各省区均有分布，南亚和东南亚也有分布。

[特性]

阳性树种；喜温暖湿润气候；适应性强，耐干旱、瘠薄。

[用途]

图 152　盐肤木的叶与圆锥花序

树皮、根、叶、花和果可供药用；种子既可榨油，也可食用；叶可作猪饲料；秋季叶片变红，可作为秋色叶树种供观赏；为五倍子蚜虫的寄主植物。

[附注]

成熟果实外被白粉，有咸味，故名"盐肤木"。

木蜡树

拉丁学名	*Toxicodendron sylvestre*（Sieb. et Zucc.）O. Kuntze
英文名称	Woods Lacquertree
主要别名	臭毛漆树
科　　属	漆树科（Anacardiaceae）漆树属（*Toxicodendron*）

[形态特征]

　　落叶乔木，高达10 m。树皮灰色。小枝淡灰黄色，有短柔毛并疏生不明显的皮孔，嫩枝和冬芽有棕黄色短茸毛。奇数羽状复叶，小叶7~13，卵形或卵状长圆形，长4~10 cm，宽2~4 cm，先端渐尖，基部宽楔形至近圆形，偏斜，全缘，上面有短柔毛或近无毛，下面密生黄色短柔毛，侧脉12~20对；叶柄短，通常有短毛。圆锥花序腋生，长8~15 cm，花序轴密生棕黄色柔毛；花小，杂性，黄色；萼片及花瓣均为5；雄蕊5；子房1室，花柱3。核果球形，稍压扁，偏斜，宽约8 mm，淡棕黄色，无毛，干时皱缩；内有1粒种子。花期5~6月，果期10月。

[分布]

　　见于溧阳市向阳山坡的疏林中或砾石地；产于连云港、宜兴、溧阳、句容、无锡、苏州等地；分布于我国华东、华中、华南及西南各省区，朝鲜和日本也有分布。

[特性]

　　中性树种；对气候、土壤要求不严，能耐一定瘠薄，忌水湿；萌芽力、抗风性强。

[用途]

　　木材可作细木工用材；种子可榨油；树干可割漆；秋季叶片变红，可作为秋色叶树种供观赏。

[附注]

　　本种树液有毒，慎用。

图153　木蜡树的幼叶（左图）和核果（右图）

三角枫

拉丁学名	*Acer buergerianum* Miq.
英文名称	Buerger Maple, Trident Maple
主要别名	桠枫、三角槭、丫枫
科　　属	槭树科（Aceraceae）槭属（*Acer*）

[形态特征]

　　落叶乔木，高5~10 m。树皮暗灰色，片状剥落。小枝灰褐色至红褐色，皮孔显著，近于无毛。冬芽小，褐色，长卵圆形。叶片纸质，单叶对生，长6~10 cm，宽3~5 cm，卵形至倒卵形，3裂，裂深为叶片的1/4~1/3，裂片三角形，顶端渐尖，全缘（幼时萌发枝上叶有缺刻），基部近圆形或楔形，叶面深绿色，无毛，叶背淡绿色，有白粉，被柔毛且在脉上较密，后变无毛；基出脉3，网脉明显；叶柄长2.5~5.5 cm。花杂性，组成顶生伞房花序状圆锥花序；花于叶后开放；总花梗长1.5~2 cm；萼片5，卵形，被柔毛；花瓣5，淡黄色，狭披针形或匙状披针形，顶端钝圆；子房密生淡黄色长柔毛。翅果两翅张开成锐角，或近直立，连翅同小坚果长2.5~3 cm，黄褐色；小坚果凸起；每裂瓣有1个翅和1粒种子。花期4~5月，果期9~10月。

[分布]

　　见于溧阳市山坡灌木丛中；产于江苏各地；分布于山东、河南、江苏、浙江、安徽、江西、湖北、湖南、贵州和广东等省，日本也有分布。

图154　三角枫的叶与翅果

[特性]

　　弱阳性树种，幼树稍耐阴，大树喜光；喜温暖湿润气候和酸性、中性土壤；耐寒、耐旱、耐瘠薄，较耐水湿，在石灰土上也有分布；萌芽力强，耐修剪。

[用途]

　　木材优良，可制农具；庭院栽培可供观赏，也可做绿篱；种子可榨油；树皮、叶可提制栲胶。

[附注]

本种叶形变化大，但通常三裂，故名"三角枫"。

建始槭

拉丁学名	*Acer henryi* Pax
英文名称	Henry Maple
主要别名	三叶槭、三叶枫、亨利槭
科　　属	槭树科（Aceraceae）槭属（*Acer*）

[形态特征]

落叶乔木，高5~10 m。树皮灰色。幼枝绿色或略带绿色，有柔毛。冬芽细小，鳞片2，卵形，褐色，镊合状排列。羽状复叶，具3小叶，小叶椭圆形，长6~12 cm，宽3~5 cm，先端渐尖，基部楔形，全缘或近顶端有3~5疏钝锯齿，嫩叶两面有毛，后逐渐减少，或仅于背面脉腋间有簇毛；叶柄

图155　建始槭的叶与翅果

和小叶柄有短柔毛。花单性，雌雄异株；花黄绿色，有花瓣及微弱发育的花盘，雄花和雌花都生于下垂的总状花序上；花柄长2~4 mm，有短柔毛。翅果嫩时淡紫色，成熟后黄褐色，长约2.5 cm，两翅直立或开展成锐角。花期4~5月，果期9月。

[分布]

见于溧阳市各地；产于江苏各地；分布于山西、河南、陕西、甘肃、江苏、浙江、安徽、湖北、湖南、四川和贵州等省。

[特性]

弱阳性树种，耐庇荫；喜温凉湿润气候和山地土壤，耐寒性较强。

[用途]

树冠圆形，枝叶扶疏，可作为城市行道树和庭园树；木材为细木工用材；树

皮纤维为人造棉及造纸原料；果实可榨油，用于制皂；根可入药，治关节疼痛。

[附注]

中国特有树种。

茶条槭

拉丁学名	*Acer tataricum* subsp. *ginnala*（Maxim.）Wesm.
英文名称	Ku-jin tea Maple
主要别名	茶条、茶条枫、青桑头、女儿红
科　　属	槭树科（Aceraceae）槭属（*Acer*）

[形态特征]

落叶灌木或小乔木，高5~6 m。树皮灰褐色，粗糙，无毛。小枝细，灰色或灰褐色。冬芽小，具5~10对鳞片。叶片纸质，卵状长圆形，长6~10 cm，宽4~6 cm，先端渐尖，基部截形或近心形，明显3或5裂，中间裂片特大，侧裂短小，边缘有不整齐的重锯齿，叶面暗绿色，无毛，叶背淡绿色，无毛或脉及脉腋疏生长柔毛，基出脉3；叶柄长1.5~4 cm，无毛。伞房花序顶生，长约6 cm，近无毛；雄全杂性，同株；花淡黄色，直径5~6 mm；萼片5，长1.5~2 mm，卵形；花瓣5，长约3 mm，卵状长圆形；雄蕊8，着生于花盘的内侧，子房密被长柔毛；雄花子房退化。翅果幼时黄绿色，熟后紫红色，长2.5~3 cm，无毛；小坚果凸起，有长柔毛，后渐脱落，两果翅近直立或成锐角。花期4~6月，果期9~10月。

图156　茶条槭的翅果（示成熟时果翅为紫红色）

[分布]

见于溧阳市山坡林中或林缘；产于江苏各地；分布于我国黑龙江、吉林、辽宁、内蒙古、河北、山西、山东、河南、陕西、甘肃、江苏和广东等省区，朝鲜、日本、蒙古和俄罗斯也有分布。

[特性]

阳性树种，较耐阴；耐寒、耐

旱、耐水湿，忌积水；对土壤要求不严，但以肥沃、湿润的酸性和微酸性砂质土壤为宜；根系发达，生长较快，萌芽力强，耐修剪。

[用途]

嫩叶可代茶；茎皮纤维为人造棉和造纸的原料；叶、果秀丽，花蜜多，可作为庭院观赏和蜜源树种；种子可榨油；茎和叶可做黑色染料。

[附注]

本种叶形变化大，但叶边缘有重锯齿。

野鸦椿

拉丁学名	*Euscaphis japonica*（Thunb.）Kanitz
英文名称	Common Euscaphis
主要别名	鸡眼睛、鸡肫柴
科　　属	省沽油科（Staphyleaceae）野鸦椿属（*Euscaphis*）

[形态特征]

落叶小乔木或灌木，高达6 m。树皮灰褐色，有纵裂纹。小枝及芽棕红色，枝叶揉碎后有臭气味。叶对生，奇数羽状复叶，叶轴淡绿色，小叶5~9片，稀3~11；小叶厚纸质，椭圆形或卵形至长卵形，长4~9 cm，宽2~4 cm，顶端渐尖，基部圆形或宽楔形，边缘有细锐锯齿，齿尖有腺体，叶面绿色，无毛或近无毛，叶背淡绿色，幼时沿中脉有白色短柔毛；顶生小叶柄长可达2 cm，侧生小叶具短柄或近无柄；托叶线形，早落。圆锥花序顶生，长8~16 cm；花小，密集，黄白色；萼片5；花瓣5，椭圆形，与萼片近等长；雄蕊5。蓇葖果长1~2 cm，果皮软革质，成熟时紫红色，有纵脉纹。种子近圆形，径约5 mm，假种皮肉质，黑色，有光泽。花期5~6月，果期9~10月。

图157　野鸦椿的蓇葖果（示成熟时果皮为紫红色）

[分布]

见于溧阳市山坡、路旁或杂木林中；产于江苏各地；分布于我国除西北和东北外的各省区，日本和朝鲜也有分布。

[特性]

弱阳性树种；对气候、土壤适应性很强；耐干旱瘠薄，抗风力、较强。

[用途]

木材可制家具；树皮可提制栲胶；树姿及花果优美，可栽培作庭院观赏树种；根和果可入药；种子可榨油。

[附注]

近年来报道，本种的嫩叶可作野菜食用。

醉鱼草

拉丁学名	*Buddleja lindleyana* Fortune
英文名称	Lindley Butterflybush
主要别名	闭鱼花、鱼迷子、药杆子、痒见消
科　　属	醉鱼草科（Buddlejaceae）醉鱼草属（*Buddleja*）

[形态特征]

落叶灌木，高达2 m。茎皮褐色。小枝具四棱，棱上略有窄翅；嫩枝、嫩叶背面及花序均生细棕黄色星状毛。叶对生，卵形至卵状披针形，长5~10 cm，宽2~4 cm，顶端尖或渐尖，基部楔形，全缘或疏生波状牙齿。穗状聚伞花序，顶生，扭成一侧，稍下垂，长7~25 cm，小花序近无梗；花萼4裂，裂片三角形，密生腺毛，基部有星状茸毛；花冠紫色，稍弯曲，花冠筒长1.5~2 cm，密生腺体，无茸毛，筒内面淡紫色，有细柔毛；雄蕊4，着生于花冠筒下部。蒴果长圆形，长5~6 mm，无毛，有鳞片，基部常有宿存花萼。种子多数，淡褐色，细小，无翅，菱形或三角状方形。花期4~8月，果期8月至翌年4月。

[分布]

见于溧阳市山地路旁、河边灌木丛中或林缘；产于宜兴、溧阳等地；分布于我国江苏、安徽、浙江、江西、福建、湖北、湖南、广东、广西、四川、贵州和

云南等省区，马来西亚、日本、
美洲及非洲也有分布。

[特性]

　　阳性树种；对气候、土壤适
应性很强；喜水湿，但能耐干
旱、瘠薄；萌芽力强。

[用途]

　　花、叶及根可供药用；叶也
用于毒鱼、杀蛆及灭孑孓；花芳
香而美丽，可作公园优良的绿化
观赏树种。

图 158　醉鱼草的穗状聚伞花序

[附注]

　　全株有小毒，捣碎投入河中能使活鱼麻醉，便于捕捉，故有"醉鱼草"之称。

蓬莱葛

拉丁学名	*Gardneria multiflora* Makino
英文名称	Manyflower Gardneria
主要别名	清香藤、多花蓬莱葛
科　　属	马钱科（Loganiaceae）蓬莱葛属（*Gardneria*）

[形态特征]

　　常绿木质藤本，长可达8 m。枝条圆柱形，无毛，节上托叶痕呈线状隆起。叶
对生，全缘，椭圆形至椭圆状披针形，长5~13 cm，宽2~4 cm，顶端尖或渐尖，基
部阔楔形或稍钝，表面浓绿色而有光泽。花黄色，通常5~6朵组成腋生的3歧聚伞
花序，总花梗基部有宿存三角形苞片，花柄基部苞片小；花萼裂片半圆形，有缘
毛；花冠5深裂，黄色或黄白色，裂瓣披针状椭圆形，长约5 mm，厚肉质；雄蕊
5，生于花冠筒上，花药分离，长圆形，长约2.5 mm；子房2室，每室有胚珠1颗，
花柱圆柱状，柱头2浅裂。浆果圆球状，直径约7 mm，熟时红色。种子圆球形，
黑色。花期3~7月，果期9~11月。

[分布]

　　见于溧阳市山区，生于山地密林下或山坡灌木丛中；产于溧阳、宜兴山区；分布于安徽、江苏、江西、浙江、湖北、湖南、广东、广西、四川、贵州、云南和台湾等省区，日本和朝鲜也有分布。

图 159　蓬莱葛的叶

[特性]

　　中性树种，较耐阴；对气候、土壤要求不严。

[用途]

　　根和叶可供药用；也可作庭院垂直绿化树种。

[附注]

　　本种的聚伞花序通常有花 5~6 朵，故名"多花蓬莱葛"。

流　苏

拉丁学名	*Chionanthus retusus* Lindl. et Paxt.
英文名称	Chinese Fringe-tree
主要别名	洋白花、糯米花
科　　属	木犀科（Oleaceae）流苏树属（*Chionanthus*）

图 160　流苏的叶与圆锥花序

[形态特征]

　　落叶灌木或小乔木，高达6m。枝条开展，幼枝有短柔毛。叶片革质或薄革质，椭圆形或长椭圆形，很少倒卵形，长3~10 cm，宽1.5~4 cm，顶端钝或钝尖，基部阔楔形或圆形，全缘，很少有小锯齿；叶柄长0.5~2 cm，密被黄色卷曲柔毛。花白色，单性异株；聚伞状圆锥花序长6~10 cm；花萼裂片线形；花冠4深裂，裂片狭窄，线状倒披针形，长10~20 mm，在花蕾中镊合状排列，花冠筒长2~3 mm；雄蕊2，藏于筒内或稍伸出；柱头2。核果椭圆形，被白粉，长1~1.5 cm，蓝黑色或黑色。花期3~6月，果期6~11月。

[分布]

见于溧阳市戴埠镇山区的疏林、灌木丛、山坡或河边；产于连云港和溧阳山区；分布于甘肃、陕西、山西、山东、河北、河南、云南、四川、广东、安徽、江苏、福建、台湾等省，朝鲜和日本也有分布。

[特性]

阳性树种，稍耐阴；喜温暖湿润气候，耐寒性强；喜深厚、湿润、富含腐殖质的酸性、中性土壤或钙质壤土；生长较快，萌芽发枝力强，耐修剪。

[用途]

木材质硬，纹理细致，可供细木工用；花大而美丽，可庭院栽培作为观花灌木；嫩叶晒干可代茶；种子可榨油。

[附注]

本种在溧阳市山区种群数量较少，建议加强保护和管理。

白蜡树

拉丁学名	*Fraxinus chinensis* Roxb.
英文名称	Chinese Ash
主要别名	梣、蜡条、中国白蜡、中华秦皮
科　　属	木犀科（Oleaceae）白蜡树属（*Fraxinus*）

[形态特征]

落叶乔木，高达20 m。树皮灰褐色，纵裂。小枝黄褐色，光滑无毛。冬芽淡褐黑色，阔卵形或圆锥形。奇数羽状复叶，连同叶柄长15~22 cm；小叶5~9，常7，硬纸质，椭圆形或椭圆状卵形，长4~10 cm，宽2~4 cm，顶端渐尖或钝，基部阔楔形，边缘有锯齿，表面无毛，背面沿脉有白色短柔毛；小叶柄短，叶轴基部膨大。单性花，雌雄异株；圆锥花序侧生或顶生于当年生枝上，长8~15 cm，大而疏松，无毛；花萼钟状，不规则分裂；无花瓣；雄蕊2枚，花药长椭圆形，与花丝近等长。翅果倒披针形，长3~4 cm，宽4~6 mm，下部扁，顶端钝或微凹。种子长为翅的1/2以上。花期4~5月，果期7~9月。

图 161　白蜡树的叶与翅果

[分布]

见于溧阳市山地杂木林中；产于江苏各地；分布于我国除西部地区以外的各省区，越南和朝鲜也有分布。

[特性]

耐瘠薄、干旱，在轻度盐碱地也能生长；萌生性强，耐修剪。

[用途]

木材韧性强，抗弯性好，可做家具、农具和乐器等；枝条也为优良编筐材料；树皮、叶、花均可入药；为优良的绿化树种，也可作行道树和庭院绿荫树。

[附注]

本种可养白蜡虫，生产白蜡，故名"白蜡树"；树皮称"秦皮"，中医用作清热药。

女　贞

拉丁学名	*Ligustrum lucidum* Ait.
英文名称	Glossy Privet
主要别名	冬青、冬青树、青蜡树、大叶女贞
科　　属	木犀科（Oleaceae）女贞属（*Ligustrum*）

[形态特征]

常绿灌木或乔木，高5~15 m。树皮灰褐色，光滑不裂。枝条圆柱形，无毛，有皮孔。单叶，对生；叶片革质而脆，卵形、长卵形或椭圆形至宽椭圆形，长

6~12 cm，宽3~8 cm，先端渐尖或急尖，基部宽楔形，全缘，两面无毛，上面深绿色，有光泽，下面淡绿色，有腺点，上面中脉平坦，下面凸起，侧脉4~9对；叶柄长1~3 cm，上面具沟，无毛。圆锥花序顶生，长8~20 cm；花近无梗；花萼杯形，长1.5 mm，顶端近截平；花冠白色，花冠管长2.5 mm，顶端4裂；雄蕊2；雌蕊柱头2裂。浆果核果状，肾形，长7~10 mm，直径4~6 mm，熟后蓝黑色；果梗长约2 mm。种子单生，表面有皱波。花期5~7月，果期7月至翌年5月。

图 162　女贞的圆锥果序

[分布]

见于溧阳市沟谷、山坡林中或村落附近；产于江苏各地，常有栽培；分布于长江流域以南至华南、西南各省区，向西北分布至陕西和甘肃等省，朝鲜也有分布。

[特性]

阳性树种，稍耐阴；深根系速生树种，萌芽力强，耐修剪；对土壤适应性强，能耐一定程度的盐碱；喜湿润气候，也耐干旱、瘠薄；对SO_2、Cl_2、HF、NH_3等有毒气体抗性强，能吸收O_3，滞尘及抗风、抗火性强。

[用途]

可栽培作绿篱和行道树；木材可作细木工用材；花可提取芳香油；果可入药；种子可榨油。

[附注]

果可入药，为强壮剂，称为"女贞子"，故名。

络　石

拉丁学名	*Trachelospermum jasminoides*（Lindl.）Lem.
英文名称	Chinese Star Jasmine, Confederate Jasmine
主要别名	石血、六角草、络石藤、白花藤
科　　属	夹竹桃科（Apocynaceae）络石属（*Trachelospermum*）

图 163　络石的叶

[形态特征]

　　常绿木质藤本，茎长可达10 m，具气生根。茎圆柱形，老枝红褐色，有皮孔，幼枝有黄色柔毛。叶片革质或近革质，对生，具短柄，椭圆形或卵状披针形，长2~10 cm，宽1~4.5 cm，顶端急尖、渐尖或钝，基部楔形或圆形，有时微凹或有小凸尖，上面无毛，下面具毛，渐秃净，中脉在下面凸起，侧脉6~12对；叶柄短。聚伞花序多花，组成圆锥状，腋生或顶生；总花梗长1~4 cm；花冠白色，芳香，高脚碟状，花冠筒中部以上扩大；花萼5深裂，裂片线状披针形，花后外卷；雄蕊5，着生在花冠中部；子房无毛，花柱圆柱状，柱头圆锥形，全缘。蓇葖果双生，叉开，无毛，披针状圆柱形或有时呈牛角状，长约15 cm。种子多数，褐色，线形，长约1.5 cm，顶端具白色种毛。花期4~7月，果期7~10月。

[分布]

　　见于溧阳市的山坡、溪边、路旁、林缘或杂木林中；产于江苏各地；分布于山东、安徽、江苏、浙江、福建、台湾、江西、河北、河南、湖北、湖南、广东、广西、云南、贵州、四川和陕西等省区，越南、朝鲜和日本也有分布。

[特性]

　　阳性树种，较耐阴；耐寒、耐旱、耐水湿、耐瘠薄，适应性强；对土壤要求不严，一般土壤中均能生长；生长较快，萌蘖更新能力强。

[用途]

可栽培用于地被和立体绿化；根、茎、叶和果可供药用；花可提取浸膏；茎皮纤维可制人造棉和绳索。

[附注]

本种为木质藤本，常密集攀援于岩石上，故名"络石"。

六月雪

拉丁学名	*Serissa japonica*（Thunb.）Thunb.
英文名称	Snow of June
主要别名	白马骨、满天星
科　　属	茜草科（Rubiaceae）白马骨属（*Serissa*）

[形态特征]

落叶无刺小灌木，高60~90 cm，分枝密集，揉之有臭味。小枝灰白色，幼枝被短柔毛。叶片坚纸质，卵形或长圆状卵形，长1.5~3 cm，宽3~6 mm，顶端短尖至长尖，有小尖头，基部楔形，全缘，具缘毛，后脱落，干后反卷；叶柄短。花单生或数朵簇生于小枝顶部或腋生，无梗；花萼裂片坚硬，披针状锥形，边缘有细齿；花冠白色或带红紫色，长6~12 mm，裂片扩展，顶端3浅裂；花柱较雄蕊短，柱头2裂。核果小，球形，干燥。花期5~8月，果期7~11月。

[分布]

见于溧阳市山坡灌木丛或林中；产于江苏各地；分布于安徽、江苏、江西、浙江、福建、广东、香港、广西、四川和云南等省区，日本和越南也有分布。

[特性]

中性偏阳性树种，喜侧方荫蔽；喜温暖湿润气候；对土壤要求不严；耐干旱、瘠薄；

图 164　六月雪

萌芽力强。

[用途]

　　常栽培作盆景或观赏植物；全株可入药。

[附注]

　　本种分枝密集，夏季开花，花冠常白色，故名"六月雪"。

梓　树

拉丁学名	*Catalpa ovata* G. Don
英文名称	Ovate Catalpa
主要别名	梓、梓木、木角豆
科　　属	紫葳科（Bignoniaceae）梓属（*Catalpa*）

[形态特征]

　　落叶乔木，高达15 m。树冠伞形，主干通直。树皮灰褐色，纵裂。小枝无毛，稀具疏长硬毛，长枝灰色或淡褐色，无毛。冬芽小，紫褐色。叶对生或近于对生，有时轮生，叶片宽阔卵形或近圆形，长10~30 cm，宽7~25 cm，先端突渐尖，基部浅心形，通常3~5浅裂，有毛，表面暗绿色，背面淡绿色；叶柄长6~14 cm，嫩时具疏长毛。圆锥花序顶生，长10~25 cm；花萼绿色或紫色；花冠钟状唇形，淡黄色，长约2 cm，内面有2黄色条纹及紫色斑纹。蒴果线形，下垂，长20~30 cm，宽5~7 mm，幼时疏生长白毛。种子长椭圆形，扁平，长6~8 mm，宽约3 mm，两端具有平展的长柔毛。花期5月，果期7~8月。

图 165　梓树的叶与蒴果

[分布]

　　见于溧阳市山区；产于江苏各地，广泛栽培；分布于我国东北、华北及长江流域各省区，日本也有分布。

[特性]

阳性树种，稍耐阴；喜温暖湿润气候，耐寒性强；对土壤要求不严，适宜深厚、湿润及排水良好的微酸性或中性土壤；根系发达，生长较迅速，萌芽力强。

[用途]

木材可做家具；根皮或树皮的韧皮部可药用；嫩叶可食；种子可入药；也可作行道树及庭院绿化树种。

[附注]

中国特有树种。

海州常山

拉丁学名	*Clerodendrum trichotomum* Thunb.
英文名称	Harlequin Glorybower
主要别名	臭梧桐
科　　属	马鞭草科（Verbenaceae）大青属（*Clerodendrum*）

[形态特征]

落叶灌木，稀小乔木，高1~6 m。嫩枝被黄褐色短柔毛或近无毛，老枝灰白色，具皮孔，枝内髓部有淡黄色薄片横隔。叶片纸质，阔卵形、卵形、三角状卵形或卵状椭圆形，长5~16 cm，宽3~13 cm，顶端渐尖，基部截形或阔楔形，很少近心形，全缘或有波状齿，两面疏生短柔毛或近无毛；叶柄长2~8 cm。伞房状聚伞花序顶生或腋生；花萼钟状，紫红色，5裂几达基部；花冠白色或带粉红色；花冠筒细长，顶端有5裂片；花柱不超出雄蕊。浆果状核果近球形，径6~8 mm，成熟时蓝

图 166　海州常山的聚伞花序（示花萼紫红色）

紫色。花、果期6~11月。

[分布]

见于溧阳市山坡路旁或村边；产于南京、镇江、南通、常熟、无锡、常州、苏州等地；分布于我国华北、中南和西南地区以及辽宁、甘肃、陕西等省，朝鲜、日本和菲律宾也有分布。

[特性]

阳性树种，稍耐阴，耐寒性强；对土壤要求不严，适宜疏松、湿润及排水良好的微酸性或中性土壤；生长较快，萌芽力和萌蘖性强；对SO_2等有害气体抗性较强。

[用途]

根、茎、叶和花均可入药；果实可提制黑色染料；也可栽培作庭院观花树木。

[附注]

本种叶形似梧桐（*Firmiana simplex*），叶有臭味，故名"臭梧桐"。

牡　荆

拉丁学名	*Vitex negundo* var. *cannabifolia*（Sieb. et Zucc.）Hand.-Mazz.
英文名称	Hempleaf Negundo Chaste-tree
主要别名	黄荆条、荆条棵、黄荆子、牡荆子
科　　属	马鞭草科（Verbenaceae）牡荆属（*Vitex*）

[形态特征]

落叶灌木或小乔木。小枝四棱形，密生灰白色茸毛。叶对生，掌状复叶，小叶5片，稀3片，小叶披针形或椭圆状披针形，顶端渐尖，基部楔形，边缘有多数粗锯齿，表面绿色，背面淡绿色或灰白色，通常疏生短柔毛。圆锥状聚伞花序顶生，长10~20 cm；花冠淡蓝紫色，二唇形，下唇3裂，中间裂片较大；雄蕊常4枚，内藏或伸出花冠外。核果近球形，黑色。种子倒卵形或长圆状。花期6~7月，果期7~11月。

[分布]

见于溧阳市山坡或路旁；产于江苏各地；分布于我国华东各省及河北、湖

南、湖北、广东、广西、四川、贵州和云
南等省区，日本也有分布。

[特性]

阳性树种，稍耐阴；耐寒、耐旱、耐
水湿、耐瘠薄，适应性强；对土壤要求不
严，但适宜疏松、湿润的砂质壤土；主根
不明显，侧根发达，生长较快。

[用途]

茎皮可造纸及制人造棉；枝、叶和种
子可入药；枝条可编制筐篓；花和枝叶可
提取芳香油，为著名的蜜源植物；也可栽
培供观赏。

[附注]

本种在溧阳市低山丘陵地带较为常见，掌状复叶通常5小叶，嫩枝有时为3小
叶，但叶缘有粗锯齿。

图 167　牡荆的聚伞花序（示花冠淡蓝紫色）

毛萼铁线莲

拉丁学名	*Clematis hancockiana* Maxim.
英文名称	Hancock Clematis
主要别名	棉花藤
科　　属	毛茛科（Ranunculaceae）铁线莲属（*Clematis*）

[形态特征]

落叶攀援木质藤本。茎圆柱形，长约1~2 m，具纵沟，节膨大，干后棕红色，
疏被柔毛。叶片对生，茎上部叶为3出复叶，中下部为羽状复叶或2回3出复叶，
小叶3~9；小叶宽卵形至卵状披针形，长4~6 cm，宽2~4 cm，顶端急尖，基部宽
楔形或近圆形，全缘，背面疏生短柔毛。花单生于叶腋；花柄上有1对叶状苞片，
苞片常为宽卵形；萼片4，紫红色或黑紫色，近长椭圆形或狭倒卵状椭圆形，长
1.5~2.5 cm，宽5~7 mm，背面密生茸毛，花后常反卷；花丝无毛；花柱结果时伸

图 168　毛萼铁线莲的茎叶与花蕾（示花单生叶腋）

长，有羽状毛。瘦果菱状倒卵形，长约5 mm，被柔毛，宿存花柱长3.5~5 cm，羽毛状。花期5~6月，果期6月。

[分布]

见于溧阳市山坡或灌木丛中；产于溧阳、宜兴等地；分布于浙江、江苏、安徽、湖北、河南和江西等省。

[特性]

阳性树种，稍耐阴；耐寒、耐旱；喜深厚肥沃、排水良好的碱性土壤及轻砂质壤土。

[用途]

根可入药；花大美丽，可作垂直绿化材料或观赏植物。

[附注]

中国特有树种。

大血藤

拉丁学名	*Sargentodoxa cuneata*（Oliv.）Rehd. et Wils.
英文名称	Sargent glory-vine
主要别名	红藤、血藤、红皮藤
科　　属	大血藤科（Sargentodoxaceae）大血藤属（*Sargentodoxa*）

[形态特征]

落叶木质藤本，长3~10 m。当年生枝条暗红色，老树皮有时纵裂。3出复叶，互生；叶柄长5~10 cm，无托叶；3小叶薄革质，顶生小叶菱状倒卵形，顶端尖，基部楔形，全缘；两侧小叶斜卵形，基部不对称，顶端尖，全缘，几无柄。总状花序腋生，下垂，有膜质苞片，有细长花梗；花黄色，有香气，多数，有小苞片；花单性，雌雄异株；萼片和花瓣均为6；雄花有雄蕊6；雌花有退化雄蕊6，心

皮多数，离生。果实为多数浆果
所组成的聚合果，肉质，有柄，
生于球形花托上。种子卵球形，
长约5 mm，黑色，有光泽。花期
5~7月，果期8~10月。

图169　大血藤的茎与叶

[分布]

　　见于溧阳市向阳山坡的杂木林
中；产于江苏南部山区；分布于陕
西、四川、贵州、湖北、湖南、云
南、广西、广东、海南、江西、江苏、浙江和安徽等省区，老挝和越南也有分布。

[特性]

　　较耐阴；喜温暖湿润气候和肥沃土壤，耐寒、耐旱，对土壤要求不严。

[用途]

　　根和茎可供药用；藤去皮可编制家具；纤维可制人造棉和造纸；茎煎水，可
用作杀虫剂；花芳香且美丽，可栽培供观赏。

[附注]

　　本种茎皮红色，茎干折断后有红色汁液，具有清热解毒、活血通络、祛风止
痉的功效，因此被称为"红皮藤""血藤""大血藤"。

木　通

拉丁学名	*Akebia quinata*（Thunb.）Decne.
英文名称	Fiveleaf Akebia
主要别名	野香蕉、八月瓜、八月炸、五叶木通
科　　属	木通科（Lardizabalaceae）木通属（*Akebia*）

[形态特征]

　　落叶木质藤本，长3~15 m。树皮灰褐色。茎纤细，圆柱形，缠绕；老枝多皮
孔。掌状复叶互生或在短枝上簇生，通常有小叶5片，纸质，倒卵形或倒卵状椭圆
形，长2~5 cm，全缘，先端圆或微凹，并具细尖，叶面深绿色，叶背绿白色；叶

图 170　木通的叶与果实

柄纤细。总状花序生于短枝叶腋，基部 1~2 朵雌花，上部 4~10 朵雄花；花柄细长；雄花萼片 3，淡紫色，雄蕊 6，花药长圆形，内弯，钝头，退化心皮 3~6；雌花萼片 3，暗紫色，阔椭圆形至近圆形，心皮 3~6，稀 9，圆柱形，柱头盾状，退化雄蕊 6~9。肉质蓇葖果长圆形或椭圆形，成熟时暗红色，腹缝开裂。种子多数，卵状长圆形，不规则多行排列于白色瓤状果肉中，褐色或黑色，有光泽。花期 4~5 月，果期 6~8 月。

[分布]

见于溧阳市灌木丛、沟谷或林缘中；产于江苏各地；分布于我国长江流域各省区，西至四川，南至广东，西北至陕西，日本和朝鲜也有分布。

[特性]

中性树种，耐半阴；喜温暖湿润气候，耐寒性较强；对土壤要求不严，但以疏松、湿润以及富含腐殖质的壤土为佳。

[用途]

茎、根和果实可药用；茎可作编织材料；果味甜，可食，也可酿酒；种子可榨油，制肥皂。

[附注]

本种肉质蓇葖果形似香蕉（*Musa acuminata*），通常八月成熟，沿腹缝线裂开，故名"野香蕉""八月炸"。

鹰爪枫

拉丁学名	*Holboellia coriacea* Deils
英文名称	Leathery Holboellia
主要别名	青藤
科　　属	木通科（Lardizabalaceae）八月瓜属（*Holboellia*）

[形态特征]

常绿木质藤本，长3~5 m。幼枝纤细，紫色，无毛。掌状复叶，小叶3片，长椭圆状倒卵形，革质，长6~9 cm，宽3~5 cm，顶端渐尖，基部楔形或圆形，全缘，上面深绿色，有光泽，下面浅绿色，叶脉不显著。花为腋生的伞房状总状花序，花序梗短，花柄细长；萼片6，2轮，花瓣状；花瓣6，极小；雄花萼片白色，长椭圆形，顶端钝圆；雌花萼片紫色，退化雄蕊腺体状，有退化子房1。蓇葖果椭圆形，肉质，熟时紫色，长4~6 cm。种子近圆形，扁平，黑色，有光泽。花期4~5月，果期6~8月。

[分布]

见于溧阳市的山坡林中；产于宜兴和溧阳等地；分布于四川、陕西、河南、湖北、贵州、湖南、江西、安徽、江苏、福建和浙江等省。

[特性]

中性树种，较耐阴；喜温暖湿润气候，对土壤要求不严，但以疏松、湿润以及富含腐殖质的壤土为佳。

[用途]

果可生食，也可酿酒；种子可榨油；根和茎皮可药用；茎皮含纤维。

[附注]

中国特有树种。

图 171　鹰爪枫的叶与总状花序

蝙蝠葛

拉丁学名	*Menispermum dauricum* DC.
英文名称	Asiatic Moon-seed
主要别名	防己葛、黄根藤、黄根
科　　属	防己科（Menispermaceae）蝙蝠葛属（*Menispermum*）

[形态特征]

落叶缠绕木质藤本，长达13 m。根状茎圆柱形，细长，皮棕褐色，常层状脱落。茎自位于根状茎近顶部的侧芽生出。小枝淡绿色，有细条纹。叶片盾状着生，圆肾形或卵圆形，长、宽7~10 cm，基部近心形或截形，边缘3~7浅裂或近全缘，背面淡绿白色；叶柄长6~12 cm。圆锥花序腋生；花序梗长2~3 cm；花黄绿色；雄花萼片6或8，倒卵形，2轮；花瓣6~8，卵圆形，肉质，稍内卷，较萼片小，雄蕊12或更多，花药球形。核果近圆形，直径8~10 mm，熟时紫黑色，外果皮肉质，内果皮坚硬，果核肾形。花期6~7月，果期8~9月。

[分布]

见于溧阳市戴埠镇的山坡林中或攀援于岩石上；产于江苏各地；分布于吉林、辽宁、河北、内蒙古、山东、河南、陕西、山西、甘肃、湖北、安徽、江苏和浙江等省区，日本、朝鲜和俄罗斯也有分布。

[特性]

阳性树种，稍耐阴；喜温暖湿润气候，耐寒性较强；对土壤要求不严，喜肥沃、湿润以及排水良好的酸性或中性土壤。

[用途]

根状茎可供药用；韧皮纤维可代麻，也可作造纸原料；种子可榨油。

[附注]

本种叶形变化大，但叶片盾状着生，易于识别。

图 172 蝙蝠葛的茎与叶

枸 杞

拉丁学名	*Lycium chinense* Mill.
英文名称	Chinese Wolfberry
主要别名	狗奶子、枸杞头、狗奶棵
科　　属	茄科（Solanaceae）枸杞属（*Lycium*）

[形态特征]

落叶小灌木，高0.5~2 m。茎多分枝，枝细长，常弓曲下垂，淡灰色，有纵条纹和棘刺，刺长0.5~2 cm，小枝顶端锐尖成棘刺状。叶片纸质，单叶互生或2~4片簇生于短枝上，卵形或卵状披针形，顶端急尖，基部楔形，全缘，长1.5~5 cm，宽0.5~2.5 cm（栽培者长和宽均大，可达1倍）；叶柄长0.4~1 cm。花在长枝上单生或双生于叶腋，在短枝上则同叶簇生；花柄长1~2 cm，向顶端渐增粗；花萼钟状，常3中裂或4~5齿裂，裂片有缘毛；花冠紫红色，漏斗状，冠筒内侧基部密生1圈茸毛，檐部5深裂，裂片长与宽几相等，长9~12 mm，卵形，顶端圆钝，平展或稍向外反曲，有缘毛，基部耳显著；雄蕊5，花丝基部处密生茸毛；柱头绿色。浆果卵状或长椭圆状，长7~15 mm，成熟时红色。种子多数，肾形，黄白色。花期8~10月，果期10~11月。

[分布]

见于溧阳市的山坡、荒地、丘陵地、盐碱地、路旁及村边宅旁；产于连云港、南京、扬州、镇江、徐州、南通、常州、苏州、无锡等地；分布于我国东北、西南、华中、华南和华东各省区以及河北、山西、陕西和甘肃等省，欧洲、东南亚以及朝鲜、日本、蒙古、巴基斯坦和尼泊尔有栽培或逸为野生。

[特性]

阳性树种，稍耐阴；喜温暖气候，耐寒性较强；对土壤要求不严，喜肥沃、湿润以及排水良好的砂质壤土，盐碱性壤土也能适应，忌黏重土及低洼积水环境；生长较快，萌芽力和萌蘖性强，耐修剪。

[用途]

为著名的药用植物，根、叶和果实可入药；嫩叶可作蔬菜，也可代茶；可作钙质土的指示植物；也可作庭院绿化树种、盆景或绿篱材料。

[附注]

本种在溧阳市分布普遍，也有少量栽培。

图173 枸杞的浆果

天门冬

拉丁学名	*Asparagus cochinchinensis*（Lour.）Merr.
英文名称	Cochinchinese Asparagus
主要别名	天冬、天冬草
科　　属	百合科（Liliaceae）天门冬属（*Asparagus*）

[形态特征]

常绿攀援亚灌木，多分枝，高达2 m。肉质块根纺锤状或长椭圆形。茎平滑，常弯曲或扭曲。退化叶成三角状，顶端长尖，基部有木质倒生刺，嫩枝上不显著。叶状枝1~3个或更多簇生，线形，通常1~3 cm或更长，宽1~2 mm，扁平，略呈锐三棱形，镰刀状。花淡黄绿色，长约3 mm，1至数朵，通常2朵与叶状枝同生一簇；雄花花被片开展，花丝不贴生花被片上；雄花子房近球形。浆果直径6~7 mm，熟时红色，有1颗种子。花期5月，果期8月。

[分布]

见于溧阳市的山坡、路旁、疏林下、山谷或荒地上；产于江苏各地；分布于华东、中南和西南地区及河北、山西、陕西和甘肃等省区，朝鲜、日本、老挝和越南也有分布。

[特性]

喜阴，怕强光；喜温暖湿润气候，不耐严寒；块根发达，适宜在土层深厚、疏松肥沃、湿润且排水良好的砂质壤土或腐殖质丰富的壤土中生长。

[用途]

块根是常用的中药，有滋阴润燥、清火止咳的功效；也可作庭院观赏植物。

[附注]

本种在溧阳市山坡林中有时呈藤本状。

图 174　天门冬的叶状枝

菝 葜

拉丁学名	*Smilax china* Linn.
英文名称	Chinaroot Greenbrier
主要别名	金刚刺、金刚鞭、筋角拉子
科　属	菝葜科（Smilacaceae）菝葜属（*Smilax*）

[形态特征]

常绿攀援灌木，高1~5m。根茎横走，竹鞭状，较粗厚，成不规则弯曲，疏生坚硬须根，断后成刺状突起。茎上刺较疏，为倒钩状刺，小枝上几无刺。叶片革质，卵形、卵圆形或椭圆形，长3~10 cm，宽1.5~6 cm，基部宽楔形至心形；老枝上叶片长达15 cm，宽达

图175　菝葜的秋叶（红色）和叶卷须

14 cm。伞形花序生于叶尚幼嫩的小枝上，具十几朵或更多的花，常呈球形；总花序梗长1~2 cm；花序托稍膨大，近球形，较少稍延长，具小苞片；花被片黄绿色，反卷；雄花花被片长约5 mm，外轮长椭圆形，较内轮宽，花药近椭圆形，长约1 mm，约为花丝长的1/3；雌花花被片长约3 mm，有6枚退化雄蕊，子房长卵形，长约1.5 mm。浆果直径6~15 mm，熟时红色，有粉霜。花期4~5月，果期8~11月。

[分布]

见于溧阳市各地，常生于山坡林下；产于江苏各地；分布于山东、江苏、浙江、福建、台湾、江西、安徽、河南、湖北、四川、云南、贵州、湖南、广西和广东等省区，缅甸、越南、泰国和菲律宾也有分布。

[特性]

阳性树种；适应性强，对气候、土壤要求不严；耐干旱、瘠薄。

[用途]

根状茎含鞣质和淀粉，可提制栲胶和酿酒；根状茎也可入药；果可鲜食；也可栽植供观赏。

[附注]

本种叶大小变化很大，但茎常绿色或黄绿色，翅状鞘带状披针形，狭于叶柄。

毛　竹

拉丁学名	*Phyllostachys edulis*（Carrière）J. Houz.
英文名称	Edible Bamboo
主要别名	南竹、茅竹、孟宗竹、江南竹
科　　属	禾本科（Gramineae）刚竹属（*Phyllostachys*）

[形态特征]

高大乔木状竹类。地下茎为单轴型。秆高达20 m，直径可达20 cm。秆圆筒形，新秆有毛绒与白粉；老秆无毛，白粉脱落而在节下逐渐变黑色，顶梢下垂；秆环平，箨环突起而使粗壮竹秆各节仅有一环，但小竹秆可有两环。箨鞘未出土前灰黄色而带赤色斑点，出土后色泽加深而为棕色并有褐色斑纹，背面密生棕紫色小刺毛和斑点；箨耳小，耳缘有毛；箨叶狭长三角形或披针形，向外反曲；每小枝保留1~3叶；叶片质薄，窄披针形，长4~11 cm，宽5~14 mm。笋期3月底至5月初。颖果长椭圆形。花期5~8月。

[分布]

见于溧阳市山区，常生于酸性土山地；产于江苏南部地区；分布于我国秦岭至长江流域以南各省区。

[特性]

阳性竹种；浅根系，喜土层深厚、排水良好、疏松肥沃的微酸性土壤；抗火性强；不耐干旱、瘠薄、水湿、盐碱，防风性差，喜向阳背风山坡。

[用途]

秆型粗大，宜供建筑用，也可供编织各种粗细用具及工艺品；笋味美，可供食用；嫩竹及秆箨可作造纸原料。

图 176　毛竹的秆（示新秆被白粉）

[附注]

　　本种为溧阳市境内栽培面积最广、经济意义最大的竹种，为构建溧阳"南山竹海"景观的主要植物。

刚　竹

拉丁学名	*Phyllostachys sulphurea* var. *viridis* R. A. Young
英文名称	Green Sulfur Bamboo
主要别名	胖竹
科　　属	禾本科（Gramineae）刚竹属（*Phyllostachys*）

[形态特征]

　　高大乔木状竹类。秆高10~15 m，径4~10 cm，挺直，淡绿色，分枝以下

的秆环不明显，新秆无毛，微被白粉，老秆仅节下有白粉环，秆壁在放大镜下可见晶状小点；节间长20~45 cm。箨鞘无毛，微被白粉，背面呈乳黄色或淡绿色底上有较深绿色纵脉及棕褐色斑

图 177　刚竹的秆（示老秆节下有白粉环）

纹；小竹秆箨鲜绿色，常无斑点，无箨耳；箨舌近截平或微呈弧形，边缘有细短纤毛；箨叶狭长三角形至带状，下垂，多少波折；每小枝有2~6叶，叶鞘鞘口有发达叶耳与硬毛，老时可脱落；叶片披针形，通常黄绿色（秋冬季更明显），长6~16 cm，宽1~1.2 cm。笋期5~7月。

[分布]

　　见于溧阳市山区疏林下；产于江苏南部地区；分布于我国黄河流域至长江流域以南各省区。

[特性]

　　阳性竹种；浅根系，喜微酸性土壤。

[用途]

　　竹材坚硬，可供小型建筑和农具柄用；笋味微苦，浸水后可供食用。

[附注]

　　中国特有竹种。

第3章
主要栽培树种

雪　松

拉丁学名	*Cedrus deodara*（Roxb.）G. Don
英文名称	Deodar Cedar, Himalayan Cedar
主要别名	宝塔松、喜马拉耶杉、香柏
科　　属	松科（Pinaceae）雪松属（*Cedrus*）

[形态特征]

　　常绿乔木，在原产地高达75 m。枝下高很低，树冠宽塔状。树皮深灰色，裂成不规则的鳞状块片；大枝不规则轮生，平展；小枝微下垂，一年生长枝淡灰黄色，密生短茸毛，微有白粉，二、三年生枝灰色、淡褐灰色或深灰色。叶在长枝上辐射伸展，在短枝上簇生，针形坚硬，长2.5~5 cm，先端锐尖，横切面常成三角形，每面有数条气孔线，幼时有白粉。雌雄同株；雌、雄球花分别单生于不同大枝上的短枝顶端。球果卵圆形或宽椭圆形，较大，长7~12 cm，有短梗，熟前淡绿色，微有

图178　雪松的植株

白粉，熟时红褐色；中部种鳞扇状倒三角形，上部宽圆，边缘内曲，鳞背密生短茸毛；苞鳞短小。种子近三角状，上端有倒三角形翅。花期2~3月，球果翌年10月成熟。

[分布]

原产于喜马拉雅山西部及喀喇昆仑山。溧阳多地引种栽培，多栽培于公园、庭院和学校；我省及安徽、福建、广东、广西、河北、河南、湖北等地已广泛栽培作庭园树。

[特性]

阳性树种，幼树稍耐阴；耐寒、耐旱，不耐水湿；对土壤要求不严，但以深厚、肥沃、湿润及排水良好的中性或微酸性土壤为佳；生长较迅速，萌芽发枝力强，耐修剪；浅根系，主根不发达，抗风力较弱；对SO_2、HF及烟尘的抗性较弱。

[用途]

材质坚实而致密，少翘裂，耐久用，可作建筑、桥梁、造船、家具及器具等用；树形美观，为普遍栽培的庭园树；枝叶可提精油；树皮可提制栲胶。

[附注]

松针绿色，微被白粉，树冠塔形，远观如下了一层薄雪，故名。

湿地松

拉丁学名	*Pinus elliottii* Engelm.
英文名称	Slash Pine
主要别名	爱氏松、美国松、国外松
科　　属	松科（Pinaceae）松属（*Pinus*）

[形态特征]

常绿乔木，在原产地高达30 m。树皮灰褐色或暗红褐色，纵裂成鳞状块片剥落。枝条每年生长3~4轮，小枝粗壮，橙褐色，后变为褐色至灰褐色，鳞叶上部披针形，淡褐色，边缘有睫毛，宿存数年不落；冬芽红褐色，圆柱形。针叶2或3针1束并存，长18~25 cm，稀达30 cm，刚硬，深绿色，树脂道2~10个，多内生；叶鞘长约1.2 cm。球果圆锥形或卵形圆柱状，长6.5~13 cm，有柄，熟后易脱落；种鳞的鳞盾近斜方形，肥厚，有锐横脊，鳞脐瘤状，有短尖刺。种子卵圆形，微具3

棱，长6 mm，黑色并有
灰色斑点，种翅易脱落，
长0.8~3.3 cm。花期3月下
旬，球果翌年10月成熟。

图 179　湿地松的松针与树干（右下图）

[分布]

原产于美国东南部。
溧阳多地有栽培，多见于
山区；我省及安徽、福
建、广东、广西、湖北、湖
南、江西、台湾、云南、浙
江等地有引种栽培。

[特性]

阳性树种，不耐阴；耐旱、耐水湿，适应性强；适宜中性或微酸性土壤，在
低洼沼泽地带生长尤佳；主根明显，侧根发达，抗风力强，生长迅速，寿命长。

[用途]

木材坚硬，为桥梁和建筑等用材；可提制松脂和松节油；可栽植作园林绿化
树、庭荫树和水土保持树种。

[附注]

本种原产美国，故名"美国松""国外松"。

黑　松

拉丁学名	*Pinus thunbergii* Parl.
英文名称	Japanese Black Pine, Thunberg Pine
主要别名	日本黑松、白芽松、松花
科　　属	松科（Pinaceae）松属（*Pinus*）

[形态特征]

常绿乔木，高达30 m。幼树树皮暗灰色，老则灰黑色，粗厚，裂成块片脱
落。一年生枝淡褐黄色，无毛；冬芽银白色，圆柱状，芽鳞披针形或条状披针

形，边缘白色丝状。针叶2针1束，粗硬，长6~12 cm，树脂道6~11个，中生；叶鞘宿存。雌球花单生或2~3个聚生于新枝近顶端。球果圆锥状卵圆形或卵圆形，熟时褐色，长4~6 cm，有短柄，向下弯垂；中部种鳞卵状椭圆形，鳞盾微肥厚，横脊显著，鳞脐微凹，有短刺。种子倒卵状椭圆形，长5~7 mm，连翅长1.5~1.8 cm，种翅灰褐色，有深色条纹；子叶7~8枚。花期4~5月，球果翌年10月成熟。

[分布]

原产于日本及朝鲜南部海岸地区。溧阳多地有栽培，多见于山区或林场；我省及北京、湖北、江西、辽宁、山东、云南昆明、浙江等地有引种栽培。

[特性]

强阳性树种，幼树稍耐阴；耐寒、耐旱、耐瘠薄，不耐水湿；对土壤要求不严，以土层深厚、土质疏松且含有腐殖质的砂质壤土为佳，忌低洼、重盐碱土、钙质土；根系发达，有菌根共生，生长较缓慢，寿命长，耐海潮，抗海风，抗病虫害能力强。

[用途]

木材富树脂，较坚韧，结构较细，纹理直，耐久用，可作建筑、矿柱、器具、板料及薪炭等用材；也可提取树脂；多作庭园观赏树种或沿海地区的造林树种。

[附注]

本种成年植株的树皮呈黑色，故名"黑松"。

图 180　黑松的松针与球果

圆　柏

拉丁学名	*Juniperus chinensis* Linn.
英文名称	Chinese Juniper
主要别名	桧、红心柏
科　　属	柏科（Cupressaceae）刺柏属（*Juniperus*）

图 181　圆柏的球果与二型叶（右下图）

[形态特征]

常绿乔木，高达20 m，胸径可达3.5 m。树冠尖塔状或圆锥状，老树则呈广卵状、球状或钟状。树皮灰褐色，呈浅纵条剥离。小枝直立、斜生或略弯曲，老时则下部大枝平展；冬芽不显著。叶二型；鳞叶交互对生，多见于老树或老枝上，先端钝，背面的中部具腺点；刺叶常3枚轮生，排列紧密，长6~12 mm，叶上面微凹，有2条白色气孔带。雌雄异株，极少同株；雄球花具雄蕊5~7对，对生，各有花药3或4。球果熟时暗褐色，有白粉；种鳞肉质，熟时不张开；有种子1~4。种子卵圆形；子叶2，发芽时出土。花期4月下旬，球果翌年或第3年成熟。

[分布]

溧阳各地有栽培，常见于寺庙、村落或陵园附近。原产于内蒙古、河北、山西、山东、浙江、福建、安徽、江西、河南、陕西南部、甘肃、四川、湖北、湖南、贵州、广东、广西及云南等省区，朝鲜、日本、缅甸、俄罗斯也有分布。

[特性]

阳性树种；喜温凉、温暖气候及湿润土壤；耐寒、耐热、耐干旱、耐瘠薄，对土壤要求不严，能生于酸性、中性及石灰质土壤中，对土壤的干旱及潮湿均有一定的抗性；浅根系树种；对Cl_2、HF等有害气体有一定抗性，防尘和隔音效果良好。

[用途]

木材有香气，坚韧致密，耐腐力强，可作房屋建筑、家具、文具及工艺品等用材；树形优美，为普遍栽培的庭园树种；种子、枝、叶和树皮可入药。

[附注]

本种在《中国植物志》（Vol. 7, P362）中，其学名为*Sabina chinensis* var. *chinensis*，*Flora of China*（Vol. 4, P69~77）已修订。

侧　柏

拉丁学名	*Platycladus orientalis*（Linn.）Franco
英文名称	Chinese Arborvitae, Oriental Arborvitae
主要别名	扁柏、扁桧
科　　属	柏科（Cupressaceae）侧柏属（*Platycladus*）

图 182　侧柏的叶与球果

[形态特征]

常绿乔木，高达20 m。树皮浅灰褐色。着生鳞叶的小枝直展，扁平，排成一平面，两面同型。鳞叶二型，交互对生，背面有腺点。雌雄同株，球花单生枝顶；雄球花具6对雄蕊，每雄蕊具花药2~4；雌球花具4对珠鳞，仅中部2对珠鳞各具胚珠1或2。球果卵状椭圆形，长1.5~2 cm，成熟时褐色；种鳞木质4对，扁平，厚，背部顶端下方有1弯曲的钩状尖头，中间2对种鳞倒卵形或椭圆形，鳞背顶端的下方有一向外弯曲的尖头，上部1对种鳞窄长，近柱状，顶端有向上的尖头，下部1对种鳞极小，熟时张开，最下部1对很小，不发育，发育的种鳞各具种子1或2。种子卵圆形或近椭圆形，长6~8 mm，灰褐色或紫褐色，无翅，或顶端有短膜，种脐大而明显；子叶2，发芽时出土。花期3~4月，球果10月成熟。

[分布]

溧阳市戴埠镇、天目湖镇、上兴镇、竹箦镇等地有栽培；江苏和我国多省区有栽培。除青海、新疆外，全国均有分布，朝鲜、俄罗斯也有分布。

[特性]

喜光树种，幼时稍耐阴；适应性强，对土壤要求不严，在酸性、中性、石灰性和轻盐碱土壤中均可生长；耐干旱、瘠薄，萌芽能力强，耐寒力中等，耐强太阳光照射，耐高温，但根系浅、抗风能力较弱。

[用途]

材质细密，纹理斜行，耐腐力强，坚实耐用，可供建筑、器具、家具、农具及文具等用材；种子与生鳞叶的小枝可入药；常栽培作庭园树，可供观赏。

[附注]

本种寿命很长，常有百年和数百年以上的古树。溧阳市最大的1株侧柏高达18 m，树龄超过300年，见于天目湖镇的吴村。

罗汉松

拉丁学名	*Podocarpus macrophyllus* D. Don
英文名称	Kusamaki, Longleaf Podocarpus
主要别名	土杉、麻糖果树、罗汉杉
科　　属	罗汉松科（Podocarpaceae）罗汉松属（*Podocarpus*）

[形态特征]

常绿乔木，高达20 m。树皮灰色或灰褐色，浅纵裂，成薄片状脱落。枝条开展或斜展，较密，小枝密被黑色软毛或无。顶芽卵圆形，芽鳞先端长渐尖。叶螺旋状着生，革质，条状披针形，微弯，长7~12 cm，宽7~10 mm，先端尖，基部楔形，上面深绿色，有光泽，中脉显著隆起，下面灰绿色，被白粉。雌雄异株；雄球花穗状，腋生，常3~5个簇生于极短的总梗上；雌球花单生叶腋。种子卵圆形，径约1 cm，先端钝圆，熟时肉质假种皮紫黑色，有白粉；肉质种托椭圆形柱状，红色或紫红色，长于种子；种柄长1~1.5 cm，长于种托。花期4~5月，种熟期8~9月。

[分布]

原产于安徽、福建、广东、广西、贵州、湖北、湖南、江西、四川、台湾、云南、浙江等省区，日本、缅甸也有分布。溧阳多地有栽培，多见于寺庙、公园或庭院；江苏及我国多省区常栽培作庭园观赏树。

[特性]

中性树种，较耐阴；喜温

图 183　罗汉松的叶与种子

暖湿润气候，耐寒性弱；适生于砂质壤土，耐干旱、瘠薄，能耐湿润但忌积水；对病虫害、SO_2、Cl_2抗性强；生长缓慢，寿命长。

[用途]

树形美观，多作庭园观赏树或用于制作盆景；材质细致均匀，易加工，可做家具、器具、文具及农具。

[附注]

《中国植物志》第7卷P412记载：江苏也有野生分布。根据最近的调查及资料，本种在江苏均为栽培种。

厚　朴

拉丁学名	*Houpoëa officinalis*（Rehder et E. H. Wilson）N. H. Xia et C. Y. Wu
英文名称	Officinal Magnolia
主要别名	紫油朴、温朴、川朴、紫油厚朴
科　　属	木兰科（Magnoliaceae）厚朴属（*Houpoëa*）

[形态特征]

落叶乔木，高达15 m。树皮厚，紫褐色，有辛辣味。小枝粗壮，幼枝淡黄色，有绢状毛，后脱落无毛。顶芽大，窄卵状圆锥形，无毛。叶片大，近革质，常集生于枝顶，长圆状倒卵形或倒卵状椭圆形，长20~45 cm，宽10~24 cm，顶端钝圆或短急尖，基部楔形，叶面绿色，叶背灰绿色，常有白粉，幼时被灰白色柔毛；叶柄粗壮；托叶痕为叶柄长的2/3。花于叶后开放；花柄短粗，被长柔毛；花被片9~12，稀17，肉质，外轮3枚白色带淡绿色，向外反卷，中、内2轮直立，倒卵状匙形，长约8 cm；花药向内纵裂。聚合果长圆状卵圆形，长9~15 cm；小蓇葖果木质，顶端具长3~4 mm向外弯曲的喙。花期4~5月，果期9~10月。

[分布]

原产于陕西、甘肃、河南、湖北、湖南、四川、贵州。溧阳市戴埠镇、上兴镇等地有少量栽培；江苏和广西、江西及浙江有栽培。

[特性]

阳性树种，稍耐阴；深根系树种，侧根发达，速生，萌蘖能力强；喜温凉湿润气候，忌严寒、酷热、干旱；适于在土层深厚、肥沃、疏松、腐殖质丰富、排水良好的微酸性或中性土壤中生长。

[用途]

树皮、花、果和种子均可入药；种子可榨油，可制肥皂；叶大荫浓，花大美丽，可作绿化观赏树种；木材供建筑、板料、家具、雕刻、乐器、细木工等用。

[附注]

本种为中国特有的珍贵树种，为国家II级重点保护植物。

图184　厚朴的叶与聚合果

荷花玉兰

拉丁学名	*Magnolia grandiflora* Linn.
英文名称	Southern Magnolia, Bull Bay, Evergreen Magnolia
主要别名	广玉兰、洋玉兰、荷花木兰
科　　属	木兰科（Magnoliaceae）木兰属（*Magnolia*）

图 185　荷花玉兰的叶与花

[形态特征]

　　常绿乔木，高达30 m。树皮灰褐色，<u>薄鳞片状开裂</u>。小枝、芽、叶背及叶柄均密被锈褐色短茸毛。叶片厚革质，椭圆形、长圆状椭圆形或倒卵状椭圆形，长10~20 cm，宽4~7 cm，先端钝或短钝尖，基部楔形，叶面深绿色，有光泽，叶背密被褐色短柔毛；叶柄长约2 cm；托叶与叶柄离生，无托叶痕。花大，芳香，白色，荷花状，直径15~20 cm；花被片9~12，厚肉质，宽倒卵状匙形或宽倒卵形；雄蕊紫色，花药向内纵裂；雌蕊群椭圆形，密被茸毛。聚合果大，圆柱状长圆形或卵圆形，密被黄褐色或淡灰褐色茸毛；小蓇葖果卵圆形，顶端具外弯长喙，背裂。种子具红色假种皮。花期5~6月，果期9~10月。

[分布]

　　原产于北美洲东南部。溧阳市各地有栽培；中国长江流域以南各地普遍栽培，甘肃、河南、北京等地也有栽培。

[特性]

　　阳性树种，稍耐阴；喜温暖湿润气候，耐寒性较强；适宜肥沃、深厚、湿润而排水良好的微酸性、中性及富含腐殖质的砂质壤土，不耐盐碱土，忌积水；根系发达，生长较快，抗风力强；对SO_2、Cl_2、HF抗性强，对粉尘的吸滞能力也较强。

[用途]

树形端正，花大芳香，状如荷花，为优良的庭园绿化观赏树种；材质坚硬，可供装饰材料用；叶、幼枝和花可提取芳香油；种子可榨油；叶可入药治高血压。

[附注]

本种在溧阳市的苗圃中，常作为玉兰（*Yulania denudata*）的接穗进行嫁接。

玉 兰

拉丁学名	*Yulania denudata*（Desr.）D. L. Fu
英文名称	Yulan Magnolia, Yulan
主要别名	玉堂春、迎春花、玉兰花、白玉兰
科　　属	木兰科（Magnoliaceae）玉兰属（*Yulania*）

[形态特征]

落叶乔木，高达25 m。树皮深灰色，粗糙开裂。小枝较粗壮。冬芽密被淡灰黄色长绢毛。叶片纸质，倒卵形、宽倒卵形或倒卵状长圆形，长10~18 cm，宽6~10 cm，先端宽圆、平截或稍凹，具短骤尖，基部楔形，幼时叶面疏被柔毛，后仅在中脉及侧脉留有短柔毛，叶背淡绿色，沿

图 186　玉兰的叶与果实

脉被柔毛；叶柄长1~2.5 cm，被柔毛；托叶痕为叶柄长的1/4~1/3。花先叶开放；花柄密被淡黄色长绢毛；花被片9，长圆状倒卵形，白色，或近基部带淡紫色，外轮与内轮近等长；花药侧向纵裂，药隔伸出呈短尖头。聚合果长圆柱形，长12~15 cm，偏斜扭曲，成熟时褐色或暗红色，具灰白色皮孔。种子心形，侧扁。花期2~3月，果期8~9月。

[分布]

原产于安徽、重庆、广东、贵州、湖北、湖南、江西、陕西、云南、浙江等地。溧阳市各地的城镇、村落常见栽培；江苏及全国各地常有栽培，世界温带地

区也有栽培。

[特性]

　　阳性树种，稍耐阴；喜温暖湿润气候，适宜深厚、肥沃的土壤，也耐干旱和石灰质土，忌水湿；根系发达，生长快，寿命长；萌芽力较差，不耐强度修剪。

[用途]

　　早春白花满树，艳丽芳香，为驰名中外的庭园观赏树种；材质优良，纹理直，结构细，供家具、图板、细木工等用；花蕾可入药；花可提取配制香精或制浸膏；花被片可食用或用以熏茶；种子可榨油，供工业用。

[附注]

　　中国特有树种。

黄玉兰

拉丁学名	*Yulania denudata* ‘Fenhang’
英文名称	Feihuang Yulan
主要别名	飞黄玉兰
科　　属	木兰科（Magnoliaceae）玉兰属（*Yulania*）

[形态特征]

　　落叶小乔木。幼枝粗壮，淡黄绿色，密被短柔毛；叶痕稍明显，无毛。叶芽椭圆形，先端钝圆，或钝尖。叶片倒卵圆形或卵圆形，厚纸质，长11.5~13.5 cm，宽10.5~13.0 cm，具光泽，通常微有短柔毛，基部沿脉被短柔毛，侧脉7~9对，先端钝圆或具短尖，基部近圆形，两侧不对称。叶柄粗，长1 cm，疏被短柔毛，托叶痕为叶柄长度的1/2。花蕾顶生或腋生，长椭圆状；具芽鳞状托叶1~3，于花开时脱落。单花具花被片9~12，稀7，黄色

图 187　黄玉兰的花（示花被片淡黄色）

至淡黄色，厚肉质，椭圆状匙形，长4.5~8.5 cm，宽2.5~4.5 cm，先端钝圆，基部宽，花被片常具皱纹；雄蕊多数，淡粉红色，花丝长2~3 mm，淡粉红色，宽于花药，药室侧向长纵裂，药隔先端伸出呈短尖头；离心皮雌蕊群圆柱状，绿色；离生单雌蕊多数，淡黄绿色，子房疏被短柔毛；花柱和柱头淡黄白色。聚合蓇葖果圆柱状，长8.0~15.0 cm，直径3.0~4.5 cm。花期4~5月，果期9~10月。

[分布]

本种为玉兰的栽培品种。溧阳市各地的城镇、村落常见栽培；江苏及全国各地常有栽培，世界温带地区也有栽培。

[特性]

阳性树种，稍耐阴；喜温暖湿润气候，适宜深厚、肥沃的土壤，也耐干旱和石灰质土，忌水湿；根系发达，生长快，寿命长；萌芽力较差，不耐强度修剪。

[用途]

早春黄花满枝，艳丽芳香，为驰名中外的庭园观赏树种；材质优良，纹理直，结构细，供家具、图板、细木工等用；花蕾可入药；花可提取配制香精或制浸膏；花被片可食用或用以熏茶；种子可榨油，供工业用。

[附注]

中国特有树种。

二乔玉兰

拉丁学名	*Yulania × soulangeana*（Soul.-Bod.）D. L. Fu
英文名称	Saucer Magnolia
主要别名	二乔木兰、朱砂玉兰
科　属	木兰科（Magnoliaceae）玉兰属（*Yulania*）

[形态特征]

落叶小乔木。叶片纸质，倒卵圆形至宽椭圆形，长6~15 cm，宽4~7.5 cm，先端短急尖，2/3以下渐狭成楔形，上面基部中脉常残留有毛，表面绿色，具光泽，背面淡绿色，被柔毛，侧脉每边7~9条；叶柄长1~1.5 cm，被柔毛；托叶痕为叶柄长的

图 188　二乔玉兰的叶与花（左上图）

1/3。花蕾卵圆形，花先叶开放；花被片6~9枚，浅红色至深红色或有时近白色，外轮花被片长度为内轮花被片的2/3。雄蕊多数，红色或紫红色，花药侧向纵裂；离生单雌蕊无毛或有毛。聚合果长约8 cm，直径约3 cm；蓇葖卵圆形或倒卵圆形，熟时黑色，具白色皮孔。种子深褐色，宽倒卵圆形或倒卵圆形，侧扁。花期3~4月，果期9~10月。

[分布]

本种为杂交种，从欧洲引进。溧阳市多地有栽培；江苏及全国大部分地区均有栽培。

[特性]

喜阳光和温暖湿润的气候；对温度很敏感，每年花期早晚变化大；对低温、干旱有一定的抵抗力，忌积水，不耐盐碱；生长快、适应性强；品种多、花色鲜艳。

[用途]

材质优良，纹理直，结构细，供家具、图板、细木工等用；花蕾入药与辛夷功效相同；花含芳香油，可提取配制香精或制浸膏；花被片可食用或用以熏茶；种子榨油供工业用；花艳丽芳香，为驰名中外的庭园观赏树种。

[附注]

本种是玉兰（*Yulania denudata*）与辛夷（*Yulania liliiflora*）的杂交种。

桃

拉丁学名	*Amygdalus persica* Linn.
英文名称	Peach
主要别名	毛桃、桃树
科　　属	蔷薇科（Rosaceae）桃属（*Amygdalus*）

[形态特征]

落叶小乔木，高3~8 m。树皮暗红褐色，老时粗糙呈鳞片状。小枝细长，无毛，有光泽。冬芽被柔毛，常2或3个簇生。叶片椭圆状披针形或卵状披针形，有时为倒卵状披针形，长7~15 cm，宽2~3.5 cm，先端渐尖，基部楔形，边缘具单锯齿，较钝，叶面无毛，叶背在脉腋具少数短柔毛或无毛；侧脉不直达叶缘，在叶边结合成网状。花单生，先于叶开放；花柄几无；花托杯钟状，外面有短柔毛；萼片卵形或长圆形，被柔毛；花瓣粉红色，稀白色，长圆状椭圆形或宽卵形；花药绯红色；心皮有毛。核果卵形、宽椭圆形或扁圆形，外面密被短柔毛，纵沟明显；果肉厚，多汁，有香味；核极硬，有不规则的深沟及孔穴，与果肉分离或不分离。花期3~4月，果期6~9月。

[分布]

原产于中国北部及中部地区。溧阳市各地普遍栽培；江苏及全国各地广泛栽培，世界各地均有栽植。

[特性]

阳性树种，不耐阴；喜温暖湿润气候，耐寒、耐旱，但以深厚、肥沃的砂质壤土为佳；忌低洼和积水环境；浅根系树种，须

图189 桃的花

根多，适应性强，但寿命短；对SO$_2$、Cl$_2$等有害气体抗性较强。

[用途]

果实为重要水果；桃树干上分泌的胶质，俗称桃胶，可作黏接剂或入药；桃核可制工艺品或活性炭；为优良的蜜源植物。

[附注]

桃的栽培品种较多，在溧阳主要分为果桃和花桃两类。前者如吊枝白（Diaozhibai）；后者如碧桃（Duplex）。

梅

拉丁学名	*Armeniaca mume* Sieb.
英文名称	Japanese Apricot, Mume plant
主要别名	春梅、乌梅、梅花、梅子
科　属	蔷薇科（Rosaceae）杏属（*Armeniaca*）

图190　梅的花

[形态特征]

落叶小乔木，稀灌木，高4~10 m。树皮浅灰色或带绿色，平滑。小枝绿色，无毛。叶片宽卵形或卵形，长4~8 cm，宽2.5~5 cm，先端尾尖，基部宽楔形或近圆形，边缘有细密锯齿，背面色较浅，幼时两面被柔毛，老时叶背脉腋具柔毛。花单生或2朵簇生，先叶开放；花柄短或几无柄；花托杯钟状，常带紫红色；萼片花后常不反折，无毛或被柔毛；花瓣倒卵形，白色至粉红色；心皮有短柔毛。核果近球形，有纵沟，直径2~3 cm，熟时绿白色至黄色，具短梗或几无梗，被柔毛，味酸，果肉黏核；核椭圆形，顶端圆形而有小突尖，两侧微扁，腹面和背棱上均有纵沟，具蜂窝状孔穴。花期2~3月，果期5~6月。

[分布]

原产于四川和云南等地。溧阳市各地普遍栽培；江苏及我国各地均有栽培，但以长江流域以南各省区最多，日本、朝鲜、老挝、越南也有栽培。

[特性]

阳性树种，不耐阴；喜温暖湿润气候，耐寒性较强；对土壤要求不严，但以深厚、肥沃的砂质壤土及排水和通风良好的环境为佳，在轻碱性土壤中也能生长；耐瘠薄，忌积水。

[用途]

为重要的园林观赏树种；木材坚韧并有弹性，可作为细工木用材；花、叶、根和种仁均可入药；果实可食、盐渍或干制，或熏制成乌梅入药，有止咳、止泻、生津、止渴之效；为较好的蜜源植物；对HF污染敏感，可监测大气氟化物污染。

[附注]

中国特有树种，栽培历史悠久，为我国十大名花之一。

杏

拉丁学名	*Armeniaca vulgaris* Lam.
英文名称	Common Apricot
主要别名	杏树、杏子、杏花
科　　属	蔷薇科（Rosaceae）杏属（*Armeniaca*）

[形态特征]

落叶乔木，高5~8 m。树皮灰褐色，纵裂。多年生枝浅褐色，皮孔大而横生，一年生枝浅红褐色，有光泽，无毛，具多数小皮孔。叶片宽卵形至近圆形，长5~9 cm，宽4~8 cm，先端急尖至短渐尖，基部近圆形或稍狭，有圆钝锯齿，两面几同色，无毛或下面脉腋具柔毛；叶柄长2~3.5 cm，无毛，基部常具1~6腺体。花单生，先叶开放；花托杯钟状，紫红色；萼片卵形至卵状长圆形，基部被毛，花后反折；花瓣圆形至倒卵形，白色带红晕；心皮有毛。核果近球形，直径约2.5~5 cm，熟时黄白色至黄红色，常具红晕，有细柔毛，有沟；果肉多汁，熟时不裂；核扁球状，基部常对称，背面平滑，沿腹缝线有深沟，果熟时不黏果肉。种子扁球状，味苦或甜。花期3~4月，果期5~7月。

[分布]

原产于亚洲西部。溧阳市有少量栽培；江苏及全国各地多有栽培，尤以华北、西北和华东地区种植较多，少数地区逸为野生，世界各地也有栽培。

[特性]

阳性树种；耐寒性较强，耐

图 191 杏的叶与核果（示果实腹缝线有深沟）

高温、耐干旱；喜深厚、肥沃的砂质壤土及排水良好的环境；深根系树种，适应性强，寿命长。

[用途]

可栽植供观赏，可作庭荫树、园景树和行道树；果实甜酸，可供食用；木材色泽鲜艳，供材用；种仁（杏仁）入药，有止咳祛痰、定喘润肠的功效。

[附注]

杏与梅的主要区别在于：杏的一年生小枝红褐色，萼片花后反折，果核无蜂窝状孔穴，不黏果；而梅的小枝为绿色，萼片花后不反折，果核具蜂窝状孔穴，黏果。

花　红

拉丁学名	*Malus asiatica* Nakai
英文名称	Chinese Pearleaf Crabapple
主要别名	毛尖花红、林檎、文林郎果
科　　属	蔷薇科（Rosaceae）苹果属（*Malus*）

[形态特征]

落叶小乔木，高4~6 m。小枝粗壮，圆柱形，嫩枝密被柔毛，老枝暗紫褐色，无毛；冬芽卵形，初时密被柔毛，逐渐脱落，灰红色。叶片卵形或椭圆形，长4~11 cm，宽3.5~6 cm，先端急尖或短渐尖，基部圆形或宽楔形，边缘有细锐锯齿；叶柄长1.5~5 cm，具短柔毛；托叶小，膜质，早落。伞房花序，具花3~7朵；花梗长1.5~2 cm，密被柔毛；花直径3~4 cm；萼筒钟状，外面密被柔毛；萼片三角披针形，长4~5 mm，先端渐尖，全缘，内外两面密被柔毛，萼片比萼筒稍长；花瓣倒卵形，长8~13 mm，宽4~7 mm，基部有短爪，淡粉色；雄蕊17~20，

图192 花红的叶

花丝长短不等，比花瓣短；花柱4~5，基部密生长茸毛。梨果卵形或近球形，直径2~5 cm，黄色或红色，基部下洼，宿存萼肥厚隆起。花期4~5月，果期6~8月。

[分布]

原产于东亚，分布于我国东北、华北、西北、西南及内蒙古等地。溧阳天目湖镇有栽培；江苏的徐州和连云港也有栽培，长江流域及黄河流域一带普遍栽培。

[特性]

生于山坡向阳处或平原沙地，在土壤排水良好的坡地生长尤佳；为常见果树，品种很多；喜光、耐寒、耐干旱，也耐水湿及盐碱；根系强健，萌蘖性强，生长旺盛，抗逆性强，适生范围广。

[用途]

果实除鲜食外，还可加工制成果干、果丹皮或酿酒；果实药用有健胃、消积、行瘀、镇痛作用，树皮和根有补血强壮的功效；可作苹果的砧木，也为蜜源植物。

[附注]

毛尖花红产于溧阳天目湖镇毛尖村。清乾隆年间，溧阳籍文渊阁大学士史贻直曾经吟诗："毛尖花红棠下瓜，黄雀青鱼白壳虾。馒头烧卖鸭浇面，芹菜冬笋韭菜芽。"从此，毛尖花红成为贡品而名声大噪。

石　楠

拉丁学名	*Photinia serratifolia*（Desf.）Kalkman
英文名称	Chinese Photinia
主要别名	石南、扇骨木、四季青、千年红
科　　属	蔷薇科（Rosaceae）石楠属（*Photinia*）

[形态特征]

常绿灌木或小乔木，高4~12 m。小枝褐灰色，无毛。叶片革质，长椭圆形、长倒卵形或倒卵状椭圆形，长9~22 cm，宽3~6.5 cm，先端尾尖，基部圆形或宽楔形，边缘疏生腺细锯齿，近基部全缘，幼时沿中脉至叶柄有茸毛，后脱落至两面无毛；叶柄长2~4 cm。复伞房花序，花多而密，顶生；花序梗和花柄无皮孔；花直径6~8 mm；萼片三角形，长约1 mm，无毛；花瓣白色，近圆形，内面近基部无毛；雄蕊20，花药带紫色；子房顶端有毛，花柱2或3裂，基部合生。梨果球形，直径5~6 mm，红色，后变紫褐色。花期4~5月，果期10月。

[分布]

原产于华中以及陕西、甘肃、安徽、浙江、福建、台湾、广东、广西、四川、云南、贵州等地，印度、印度尼西亚、日本、菲律宾也有分布。溧阳各地有栽培；江苏及我国多省区有栽培。

图 193　石楠的叶与复伞房花序

[特性]

阳性树种，稍耐阴；喜温暖湿润的气候，耐寒性较强；对土壤要求不严，以深厚、肥沃及排水良好的土壤为佳，较耐干旱和瘠薄；生长快，萌芽力强，耐修剪；对SO_2、Cl_2等有害气体抗性较强。

[用途]

为优良绿化树种；木材坚韧，可制车轮及器具柄；种子可榨油；为蜜源植物。

[附注]

与红叶石楠相比，本种的叶柄较长，叶片较大。

红叶石楠

拉丁学名	*Photinia × fraseri* Dress
英文名称	Fraser Photinia
主要别名	费氏石楠、红梢石楠、杂交石楠
科　属	蔷薇科（Rosaceae）石楠属（*Photinia*）

[形态特征]

　　常绿小乔木或灌木，乔木高6~15 m、灌木高1.5~2 m。树冠为圆球形，幼枝呈棕色，贴生短毛，后呈紫褐色，最后呈灰色无毛。树干及枝条上有刺。一年四季嫩叶都呈现亮红色，而老叶却四季常绿。叶片为革质，表面的角质层非常厚。叶片长圆形至倒卵状披针形，长5~15 cm，宽2~5 cm，叶端渐尖而有短尖头，叶基楔形，叶缘有带腺的锯齿；叶柄长0.8~1.5 cm。花多而密，呈顶生复伞房花序，花序梗、花柄均贴生短柔毛；花白色，径1~1.2 cm。梨果黄红色，径7~10 mm。花期5~7月，果期9~10月。

[分布]

　　本种最早由Ollie W. Fraser在美国阿拉巴马州伯明翰一个叫费舍的苗圃种苗堆中发现，由石楠（*Photinia serratifolia*）和光叶石楠（*Ph. glabra*）杂交而成。当时它被命名为费氏石楠（*Ph. × fraseri*），其种加词意思是新叶的颜色红艳。在我

图194　红叶石楠的叶（示嫩叶呈亮红色）

国最早由浙江森禾公司于2000年左右引入。溧阳市各地有栽培，江苏及全国多省区有栽培。

[特性]

　　喜光，阳性树种，但极耐阴；喜温暖湿润气候，耐干旱、瘠薄；对土壤要求不严，但喜肥沃、疏松透气且排水良好的砂质壤土；生长快，萌发力强，分枝能力强，耐修剪；对SO_2、Cl_2等有害气体的吸附力强。

[用途]

叶形鲜艳，树姿优美，为园林中重要的彩叶树种；也可作绿篱或园林造景树种。

[附注]

本种品种较多，在溧阳市主要有4个品种：红罗宾（Red Robin）、红唇（Red Tip）、鲁宾斯（Rubens）和强健（Rubusta）。

紫叶李

拉丁学名	*Prunus cerasifera* f. *atropurpurea*（Jacq.）Rehd.
英文名称	Purple leaf plum
主要别名	红叶李
科　　属	蔷薇科（Magnoliaceae）李属（*Prunus*）

图 195　紫叶李的叶与花

[形态特征]

落叶小乔木，高达8 m。小枝暗红色，无毛，有时有棘刺。冬芽、叶片、花柄、花萼、雌蕊都呈紫红色。叶片椭圆形、卵形至倒卵形，长3~6 cm，宽2~4 cm，先端急尖至短渐尖，基部宽楔形至圆形，边缘有钝锯齿，下面沿主脉有柔毛，中脉和侧脉均突起，侧脉5~8对；叶柄长6~12 mm，通常无毛或幼时微被短柔毛，无腺体；托叶膜质，披针形，先端渐尖，边缘有带腺细锯齿，早落。花1，稀2，与叶同时开放；花直径2~2.5 cm；花柄无毛，长1.5~2 cm；花托杯钟状；花瓣粉红色，长卵形，先端圆钝，边缘有浅疏锯齿，与萼片近等长；心皮无毛。核果近球形或椭圆形，光滑或粗糙，紫褐色。花期3~4月，果期8月。

[分布]

原产于亚洲西南部。溧阳市各地普遍栽培；中国华北及其以南地区广为栽培。

[特性]

阳性树种；喜温暖湿润气候，耐寒性较强，也较为抗旱；对土壤适应性强，较耐水湿，但在肥沃、深厚、排水良好的黏质中性、酸性土壤中生长良好；根系发达，生长较快，萌芽力强，耐修剪。

[用途]

叶发亮，常年紫红色，供观赏。

[附注]

本种在荫蔽的环境下，叶色不鲜艳。

李

拉丁学名	*Prunus salicina* Lindl.
英文名称	Japanese Plum
主要别名	李子树、李子、嘉应子、中国李
科　　属	蔷薇科（Magnoliaceae）李属（*Prunus*）

[形态特征]

落叶乔木，高9~12 m。老枝紫褐色，小枝黄红色。冬芽红紫色。叶片倒卵形至椭圆状倒卵形或长圆状披针形，长6~8 cm，宽3~5 cm，先端渐尖、急尖或短尾尖，基部楔形，边缘有细钝重锯齿，嫩时两面有毛，后脱落，仅叶背脉间簇生柔毛。花2~4，常3簇生，先叶开放；花柄长1~2 cm；花托杯钟状；萼片长圆状卵形，无毛；花瓣白色，长圆状倒卵形；雌蕊无毛。核果卵球形，果柄着生处的果体基部内陷，下部有沟，有白粉，直径2~3 cm，熟时绿色、黄色或紫红色；果核卵圆状或长卵圆状，有皱纹。花期3~4月，果期7~8月。

图196　李的核果

[分布]

原产于陕西、甘肃、四川、云南、贵州、湖南、湖北、江苏、浙江、江西、福建、广东、广西和台湾。溧阳市各地有栽培；我国各省区普遍栽培，世界各地广泛栽培。

[特性]

阳性树种，稍耐阴；喜温暖湿润气候，耐寒性强；喜深厚、肥沃、湿润及排水良好的土壤，忌在低洼积水处生长；生长较迅速，萌芽力强，耐修剪。

[用途]

果实可生食；也可作庭院绿化树种，观花或观果均宜；也是较好的蜜源植物；木材结构细且较坚硬，可材用。

[附注]

中国特有树种。

豆　梨

拉丁学名	*Pyrus calleryana* Decne.
英文名称	Callery Pear
主要别名	毛豆梨、棠梨针、野梨
科　　属	蔷薇科（Rosaceae）梨属（*Pyrus*）

[形态特征]

落叶乔木，高5~8 m。小枝粗壮，圆柱形，二年生枝条灰褐色，幼枝、叶柄、叶片两面的中脉和边缘均被锈色茸毛，后全部脱落。叶片宽卵形至卵形，稀长椭卵形，长4~8 cm，宽3.5~6 cm，先端渐尖，基部圆形至宽楔形，边缘有细钝锯齿，两面无毛。伞形总状花序，具花6~12，花序梗和花柄均无毛，花柄长1.5~3 cm；花托无毛；萼片披针形，先端渐尖，外面无毛，内面具茸毛；花瓣白色，卵形，基部具短爪；雄蕊20，稍短于花瓣；花柱2，稀3，无毛。梨果近球形，直径1~1.5 cm，褐色，有斑点，萼片脱落；果柄细长。花期4月，果期8~9月。

[分布]

原产于山东、河南、江苏、浙江、江西、安徽、湖北、湖南、福建、广东、广西，越南也有分布。溧阳市有少量栽培；江苏及全国多省区有栽培。

[特性]

阳性树种，稍耐阴；喜温暖湿润气候，耐寒性较强；对土壤要求不严，适宜深厚、湿润及排水良好的土壤；深根系树种，生长快，萌芽力强，较耐修剪。

[用途]

木材可制作高级家具、雕刻等；果实可酿酒；也可栽培供观赏。

[附注]

本种可作西洋梨（*Pyrus communis* var. *sativa*）的优良砧木。

图 197　豆梨的梨果

粉花绣线菊

拉丁学名	*Spiraea japonica* Linn. f.
英文名称	Japanese Spiraea
主要别名	日本绣线菊
科　　属	蔷薇科（Rosaceae）绣线菊属（*Spiraea*）

[形态特征]

直立灌木，高达1.5 m。枝条细长，开展，小枝近圆柱形，无毛或幼时被短柔毛；冬芽卵形，先端急尖，有数个鳞片。叶片卵形至卵状椭圆形，长2~8 cm，宽1~3 cm，先端急尖至短渐尖，基部楔形，边缘有缺刻状重锯齿或单锯齿，上面暗绿色，无毛或沿叶脉微具短柔毛，下面色浅或有白霜，通常沿叶脉有短柔毛；叶柄长1~3 mm，具短柔毛。复伞房花序生于当年生的直立新枝顶端，花朵密集，密被短柔毛；花梗长4~6 mm；苞片披针形至线状披针形，下面微被柔毛；花直径4~7 mm；花萼外面有稀疏短柔毛，萼筒钟状，内面有短柔毛；萼片三角形，先端急尖，内面近先端有短柔毛；花瓣卵形至圆形，先端通常圆钝，长2.5~3.5 mm，宽2~3 mm，粉红色；雄蕊25~30，远较花瓣长；花盘圆环形，约有10个不整齐的裂片。蓇葖果半开张，无毛或沿腹缝有稀疏柔毛，花柱顶生，稍倾斜开展，萼

片常直立。花期6~7月，果期
8~9月。

[分布]

　　原产于日本和朝鲜。溧阳
市各地有栽培，江苏及我国各
地均有栽培。

[特性]

　　阳性树种，稍耐阴；喜温
暖湿润气候，耐寒、耐旱；不
择土壤，但以肥沃、湿润及排

图198　粉花绣线菊的复伞房花序

水良好的砂质壤土为佳；生长较快，萌芽力和萌蘖性强，耐修剪。

[用途]

　　花色艳丽，花期较长，为观赏价值较高的观花灌木；根和叶可入药。

[附注]

　　本种花朵密集，花色粉红，故名。

紫　荆

拉丁学名	*Cercis chinensis* Bunge
英文名称	Chinese Redbud
主要别名	满条红、裸枝树
科　　属	苏木科（Caesalpiniaceae）紫荆属（*Cercis*）

[形态特征]

　　落叶灌木。小枝灰白色，具皮孔，无毛。叶片纸质，互生，近圆形，顶端急尖，基部心形，全缘，长6~14 cm，宽5~14 cm，两面无毛，叶缘膜质透明；叶柄长3.5~5 cm，无毛。花先于叶开放，4~10朵簇生于老枝上，无总花梗；小苞片2，阔卵形。小花柄细柔，长0.6~1.5 cm，萼红色；花冠玫瑰红色，长1.5~1.8 cm，龙骨瓣基部有深紫色斑纹；子房嫩绿色。荚果厚纸质，扁平，长圆形，长5~14 cm，宽约1.3~1.5 cm，常下垂，沿腹缝线有狭翅，不开裂，顶端急尖，喙细而弯，果颈长

2~4 mm。种子2~8粒，扁圆形，近黑色，有光泽。花期4~5月，果期8~10月。

图199 紫荆的荚果与花（左上图）

[分布]

原产于我国华北、华东、西南、华南以及辽宁、陕西、甘肃等省。溧阳市多地有栽培，多植于庭园、屋旁和路边；江苏及我国多省区普遍栽培。

[特性]

阳性树种，稍耐阴；耐寒、耐旱、耐水湿，适应性强；对土壤要求不严，但以疏松、湿润及排水良好的微酸性或中性土壤为佳；生长快，萌芽力和萌蘖性强，耐修剪。

[用途]

树姿秀丽，为优良的早春观花树种；树皮、木材和根均可入药。

[附注]

中国特有树种。

槐叶决明

拉丁学名	*Senna occidentalis* var. *sophera*（Linn.）X. Y. Zhu
英文名称	Inflatedfruit Senna
主要别名	茳芒决明
科　　属	苏木科（Caesalpiniaceae）番泻决明属（*Senna*）

[形态特征]

直立灌木或亚灌木，高1~2 m。枝有棱，稍带草质。1回偶数羽状复叶，长7~18 cm，互生，小叶5~10对，叶柄上面近基部有1腺体；叶片披针形至线状披针形，长1.7~4.2 cm，宽0.7~2 cm，先端急尖至短渐尖，基部圆形；托叶早落。伞房状总状花序顶生或腋生；苞片卵形，花少。花柄常1~2 cm，花冠直径约2 cm；萼片5，离生，卵圆形，长约2 cm；花瓣5，倒卵形；雄蕊10，位于上部的3枚退化，最下2枚花药较大。荚果长5~10 cm，初时较扁，成熟时多少膨胀而呈长圆筒形。花期7~9月，果期10~12月。

[分布]

原产于亚洲热带地区，现广泛分布于热带和亚热带地区。溧阳市戴埠镇、上兴镇、天目湖镇等地有少量栽培；江苏及我国北方多省区有栽培。

[特性]

阳性树种；喜温暖向阳环境，较耐寒；适宜肥沃、疏松及排水良好的砂质壤土；生长迅速，萌芽力和萌蘖性强，耐修剪。

图200 槐叶决明的花序

[用途]

树姿优美，花色金黄，花期长，为良好的绿化观赏树种；苗、叶和嫩荚供食用；全株有消炎止痛和健胃的功效。

[附注]

本种在《中国植物志》第39卷P125，其学名曾为*Cassia sophera* Linn.。

合 欢

拉丁学名	*Albizia julibrissin* Durazz.
英文名称	Silk Tree, Mimosa, Mimosa Tree
主要别名	绒花树、马缨花、蓉花树、夜花老
科　　属	含羞草科（Mimosaceae）合欢属（*Albizia*）

[形态特征]

落叶乔木，高达16 m。树冠伞房状开展。小枝有棱，嫩枝、花序和叶轴被柔毛。2回偶数羽状复叶，互生；羽片4~12对，小叶10~30对，叶片条形至长圆形，长6~12 mm，宽1~4 mm，两侧极不对称，中脉紧靠上边缘，下侧一半向上偏斜，具短尖头，具缘毛，两面被茸毛；
总叶柄近基部及叶轴顶端一对羽
片着生处各具1腺体；托叶小，早
落。头状花序着生于枝顶，排成圆
锥花序。花冠粉红色，长8 mm，
花萼、花冠外均被短柔毛；花
萼管状，长3 mm，齿裂；雄蕊
多数，花丝长达2.5 cm，显著伸
出花冠外。荚果带状，扁平、

图201　合欢的叶与头状花序

下垂，长9~15 cm，宽1.5~2.5 cm，幼时有毛。种子椭圆形，扁平，褐色。花期6
月，果期8~10月。

[分布]

原产于我国东北至华南及西南部各省区，非洲、中亚至东亚均有分布。溧阳
市有栽培，常见于公园或住宅小区；江苏及我国多省区有栽培，北美也有栽培。

[特性]

阳性速生树种；对气候、土壤适应性强；耐干旱和瘠薄，耐寒性较强，不
耐水涝；浅根系树种，根具根瘤菌，有改良土壤的作用；生长迅速，萌芽力差，
不耐修剪；对SO_2抗性中等，对Cl_2等抗性强。

[用途]

树姿优美，红花成簇，常植为风景树或行道树；木材耐水湿，可制作家具；
种子可榨油；树皮和花可入药。

[附注]

本种为落叶乔木，其叶晨举暮合，故名"合欢"。

八角金盘

拉丁学名	*Fatsia japonica*（Thunb.）Decne. et Planch.
英文名称	Japanese Fatsia
主要别名	八金盘
科　　属	五加科（Araliaceae）八角金盘属（*Fatsia*）

图 202　八角金盘的叶与果实

[形态特征]

常绿灌木或小乔木，高可达5 m。茎光滑，无刺。小枝粗壮。叶片近圆形，互生，革质，直径12~30 cm，掌状7~9深裂，裂片长椭圆状卵形，顶端短渐尖，边缘有疏浅齿，表面深绿色，有光泽，无毛，背面淡绿色，有粒状突起，边缘有时呈金黄色；叶柄长10~30 cm。伞形花序直径3~5 cm，花序总梗长30~40 cm；花黄白色，花柄长1~1.5 cm，无关节；花柱5，分离；子房5室，每室有1胚珠。浆果球形，直径约8 mm，成熟时黑色。花期10~12月，果期翌年3~4月。

[分布]

原产于日本。溧阳市有栽培；江苏及我国华北、华东等地常有栽培。

[特性]

中性树种，极耐阴；喜温暖湿润气候，较耐寒，畏酷热，忌曝晒；喜阴湿和通风良好的环境，适宜疏松及排水良好的微酸性和中性土壤；萌芽力和萌蘖性较强；对SO_2等有害气体的抗性较强。

[用途]

叶片宽大，四季常绿，为优良的观叶植物；叶和根可入药。

[附注]

本种叶掌状深裂，通常裂片8，叶缘有时为金黄色，故名"八角金盘"。

日本珊瑚树

拉丁学名	*Viburnum odoratissimum* var. *awabuki*（K. Koch）Zabel ex Rumpl.
英文名称	Japan Coraltree
主要别名	法国冬青
科　　属	忍冬科（Caprifoliaceae）荚蒾属（*Viburnum*）

[形态特征]

常绿灌木或小乔木，高2~10 m。枝灰色或灰褐色，有凸起的小瘤状皮孔，无毛或有时稍被褐色星状毛。芽有1或2对卵状披针形的鳞片。叶片革质，常为倒卵状矩圆形至矩圆形，长7~15 cm，顶端钝或急狭而钝头，基部宽楔形，边缘常有较规则的波状浅钝锯齿，叶面深绿色有光泽，两面无毛或

图 203 　日本珊瑚树的叶与核果

脉腋散生簇状微毛；叶柄带红色。圆锥状聚伞花序顶生或生于侧生短枝上，总花梗长9~15 cm，扁，有淡黄色小瘤状突起；苞片、小苞片早落；花常生于花序轴的第2至第3级分枝上。花无柄或有短柄；萼筒筒状钟形，齿宽三角形；花冠白色，后变黄白色，辐状，直径约7 mm，裂片反折。核果先红色后变黑色，卵圆球状或椭圆形卵球状；果核浑圆，有1条深腹沟。花期4~5月，果期9~11月。

[分布]

原产于浙江（普陀、舟山）和台湾，日本和朝鲜也有分布。溧阳市各地有栽培；长江下游各地常有栽培。

[特性]

阳性树种，较耐阴；喜温暖气候，耐寒性较强；对土壤要求不严，但以肥沃、湿润及排水良好的土壤为佳；根系发达，生长较快，萌芽力和萌蘖性强，耐修剪；对烟尘及有害气体具有较强的抗性和吸收能力。

[用途]

本种萌生性强、耐火、滞尘，可作绿篱、园林造景、防火林带或厂区绿化树种；木材细软，可制锄柄等；根和叶可入药。

[附注]

本种学名曾为*Viburnum odoratissimum* Ker Gawl.（珊瑚树），*Flora of China* Vol. 19已经修订。

蚊母树

拉丁学名	*Distylium racemosum* Sieb. et Zucc.
英文名称	Racemose Distylium
主要别名	蚊子树
科　属	金缕梅科（Hamamelidaceae）蚊母树属（*Distylium*）

[形态特征]

　　常绿灌木或小乔木；小枝和芽有盾状鳞毛。叶片厚革质，互生，椭圆形或倒卵形，长3~7 cm，宽1.5~3 cm，顶端钝或稍圆，基部宽楔形，全缘，下面无毛，侧脉5~6对，在表面不显著，在背面略隆起，叶边缘和叶面常有虫瘿；叶柄长7~10 mm。总状花序长2 cm；苞片披针形；萼筒极短，花后脱落，萼齿大小不等，有鳞毛；花瓣无；雄蕊5~6，花丝长2 mm，花药长3.5 mm；子房上位，有星状毛，花柱2，长6~7 mm。蒴果卵圆形，不具萼筒，长约1 mm，密生星状毛，室背及室间裂开。花期3~4月，果期8~10月。

[分布]

　　原产于广东、福建、台湾、浙江等省，日本和朝鲜也有分布。溧阳市有栽培；长江流域以南各省区常有栽培。

[特性]

　　阳性树种，稍耐阴；喜温暖湿润气候，耐寒性较强；对土壤要求不严，但以深厚、疏松及富含腐殖质的土壤为佳；根系发达，生长较快，萌芽力强，耐修剪，易整形；对SO_2、Cl_2等有毒气体及烟尘的抗性较强。

[用途]

　　为庭园绿化观赏树种；树皮含鞣质，可制栲胶；木材坚硬，可制家具等；根可入药。

[附注]

　　本种叶缘和叶背常有虫瘿，故名"蚊母树"。

图 204　蚊母树的叶与蒴果

红花檵木

拉丁学名	*Loropetalum chinense* var. *rubrum* Yieh
英文名称	Redflower Loropetalum
主要别名	红檵木
科　　属	金缕梅科（Hamamelidaceae）檵木属（*Loropetalum*）

[形态特征]

　　常绿或半常绿灌木，多分枝，小枝有星毛。幼枝和新叶红色或紫红色。叶片革质，卵形，长2~5 cm，宽1.5~2.5 cm，先端尖锐，基部钝，侧脉约5对，在上面明显，在下面凸起，全缘；叶柄长2~5 mm，有星毛；托叶膜质，三角状披针形，早落。花3~8朵簇生，有短花梗，紫红色，长2 cm；苞片线形；萼筒杯状，被星毛，萼齿卵形，花后脱落；花瓣4片，条形，长1~2 cm，先端圆或钝；雄蕊4个，花丝极短，药隔突出成角状；退化雄蕊4个，鳞片状，与雄蕊互生；子房完全下位，被星状毛；花柱极短，长约1 mm；胚珠1个，垂生于心皮内上角。蒴果卵圆形，长7~8 mm，宽6~7 mm，先端圆，被褐色星状茸毛；萼筒长为蒴果的2/3。种子圆卵形，黑色，发亮。花期4~5月，果期9~10月。

[分布]

　　原产于我国广西、湖南。溧阳市各地有栽培；江苏及我国多省区有栽培。

[特性]

　　阳性树种，稍耐阴；喜温暖气候，耐寒、耐旱，不耐水湿，忌贫瘠和低洼积水；在深厚、疏松及富含腐殖质的微酸性土壤中生长旺盛；根系发达，萌芽力和萌蘖性均强，耐修剪。

[用途]

　　枝叶茂盛，花色艳丽，分枝多，耐修剪，易造型，是园林绿化的良好材料。

[附注]

　　中国特有树种。

图205　红花檵木的花（示花瓣条形）

匙叶黄杨

拉丁学名	*Buxus harlandii* Hance
英文名称	Harland Box
主要别名	细叶黄杨
科　　属	黄杨科（Buxaceae）黄杨属（*Buxus*）

图 206　匙叶黄杨

[形态特征]

　　常绿小灌木。分枝多而密集成丛，小枝纤细并具四棱，无毛。叶对生，薄革质，长匙形，稀狭长圆形，长2~4 cm，宽5~10 mm，顶端圆钝且常微凹，基部狭楔形，全缘，中脉在两面隆起，侧脉表面明显，无毛；叶柄不明显。花单性，雌雄同序，密集的穗状花序长约6 mm，生于枝顶或叶腋，每花序顶部生1雌花，其余为雄花，花均无花瓣；雄花萼片4，长约2 mm，雄蕊4，长约为萼片的两倍，不育雌蕊棒状，为萼片长的一半以上；雌花萼片6，2轮，子房3室，花柱3，柱头小，两裂。蒴果球状，宿存花柱长3 mm。花期5月，果期10月。

[分布]

　　原产于广东和海南。溧阳市境内有少量栽培，多见于公园或庭院；江苏及我国多省区有栽培。

[特性]

　　喜温暖湿润气候，对土壤适应性强。

[用途]

　　可栽植于园林中作绿篱，或作盆栽以及观赏树种。

[附注]

　　中国特有树种。

黄　杨

拉丁学名	*Buxus sinica*（Rehd. et Wils.）M. Cheng
英文名称	Chinese Box
主要别名	黄杨木、黄杨树、瓜子黄杨、小叶黄杨
科　　属	黄杨科（Buxaceae）黄杨属（*Buxus*）

[形态特征]

常绿灌木或小乔木，高1~6 m。枝有纵棱，灰白色；小枝四棱形。叶片革质，宽椭圆形、宽倒卵形、倒卵状椭圆形或倒卵状长圆形，长1.5~3.5 cm，宽0.8~2 cm，先端圆钝，常凹下，不尖锐，基部圆或急尖或楔形，叶面光亮，中脉凸出，侧脉明显，叶背中脉稍凸起，中脉上常密被白色短线状钟乳体，侧脉不明显；叶柄长1~2 mm。花序腋生，头状，花密集，花序轴长3~4 mm；苞片宽卵形。雄花约10，无花柄，外萼片卵状椭圆形，内萼片近圆形，长2.5~3 mm；雄蕊长4 mm；不育雌蕊长为花被片长的2/3，有棒状柄，末端膨大；雌花萼片长3 mm；子房较花柱稍长，花柱粗扁，柱头倒心形，下延达花柱中部。蒴果近球形，长6~8 mm；宿存花柱长2~3 mm。种子黑色，有光泽。花期3月，果期5~6月。

[分布]

原产于陕西、甘肃、湖北、四川、贵州、广西、广东、江西、浙江、安徽、江苏、山东各省区。溧阳市各地有栽培；江苏和我国多省区普遍栽培。

[特性]

阳性树种，极耐阴；喜温暖湿润气候，耐寒性强；对土壤要求不严，但以肥沃、湿润及排水良好的中性或微酸性土壤为佳；根系发达，萌芽发枝力强，耐修剪，易整形，移栽易成活，生长缓慢；对HF、Cl$_2$等多种有害气体抗性强。

[用途]

树姿优美、枝叶繁茂，为优良

图207　黄杨的枝叶与蒴果（示小枝四棱形）

的庭院绿化观赏或盆栽树种；木材可供雕刻制作工艺品；为春季辅助蜜源植物；根、茎和叶可入药。

[附注]

中国特有树种。

加　杨

拉丁学名	*Populus × canadensis* Moench
英文名称	Canada Poplar
主要别名	加拿大杨、美国大叶白杨
科　　属	杨柳科（Salicaceae）杨属（*Populus*）

[形态特征]

落叶大乔木，高30 m。树冠呈卵形。树干直立。树皮褐灰色，老时深纵裂，粗糙。枝斜上开展，分枝披散，小枝圆柱形，稍倾斜，无毛，很少被短柔毛。芽大，初为绿色，后成棕绿色，很黏，圆锥形，先端尖而反曲。叶片大，三角状卵形，长、宽均为8~16 cm，顶端渐尖，基部平截或宽楔形，边缘半透明，有粗圆锯齿，两面无毛，叶面暗绿色，叶背淡绿色；叶柄粗壮，扁，长3.5~10 cm，顶端很少有1或2个腺体。雄花：柔荑花序长7~15 cm，无毛；苞片绿褐色，丝状深裂，花盘黄绿色，全缘；雄蕊15~25。雌花：柔荑花序成熟时长达25~27 cm；柱头4裂。蒴果卵圆形，长约8 mm，2~3瓣裂。花期4月，果期5~6月。

[分布]

原产于欧洲，现广植于欧洲、亚洲和美洲。溧阳市常有栽培；江苏和我国除广东、云南、西藏外的其余省区均有引种栽培。

图208　加杨的叶与蒴果（左下图，示蒴果卵圆形）

[特性]

　　阳性树种；喜温暖湿润气候，耐寒性极强；对土壤要求不严，但以深厚、肥沃的土壤为佳，也能适应轻盐碱土壤；深根系树种，生长迅速，萌芽力强。

[用途]

　　木材供箱板、家具、火柴杆和造纸等用；可作行道树、庭院树和防护林树种。

[附注]

　　本种为美洲黑杨（*Populus deltoides*）和欧洲黑杨（*P. nigra*）的天然杂交种。雄树多，雌树少见。

垂　柳

拉丁学名	*Salix babylonica* Linn.
英文名称	Weeping Willow, Babylon Willow
主要别名	垂绿柳、垂丝柳、柳树
科　　属	杨柳科（Salicaceae）杨属（*Salix*）

[形态特征]

　　落叶乔木，株高达15 m。树皮灰黑色，具不规则沟纹。小枝细长，下垂，淡紫绿色、褐绿色或棕黄色，无毛或幼时有毛。芽线形，先端尖锐。叶片狭披针形或线状披针形，长9~16 cm，宽5~15 mm，顶端长渐尖，基部楔形，有时歪斜，边缘有细锯齿，两面无毛或幼时有柔毛，叶背淡绿色，侧脉15~30对；叶柄长6~12 mm，有短柔毛。托叶披针形或卵状圆形。花序轴有短柔毛；雄花花序长1.5~2 cm；苞片长圆形，背面有较密的柔毛；雄蕊2，花丝与苞片近等长，基部微有毛，腺体2；雌花花序长达1.5~2.5 cm；苞片长圆形，密

图 209　垂柳的植株与柔荑花序（左下图）

生柔毛；花腹面有腺体1；子房椭圆形，无毛或近端有细短柔毛，无花柱。蒴果长3~4 mm，黄褐色。花期3~4月，果期4~5月。

[分布]

　　原产于长江流域与黄河流域。溧阳市各地有栽培；江苏及全国各省普遍栽培，亚洲、欧洲和美洲各国也常有栽培。

[特性]

　　阳性树种，稍耐阴；喜温暖湿润气候，耐寒性较强；适应性较强，耐水湿，也能生于干旱处；对土壤要求不严，但以深厚、肥沃的酸性或中性土壤为佳；生长快，萌芽力强，耐修剪，移栽易成活；对SO_2等有害气体的抗性和吸收能力较强。

[用途]

　　树形优美，枝条纤细下垂，为庭园观赏、道路绿化、固堤护岸或造林绿化的良好树种；木材可供制家具或造纸；枝条可编筐；树皮可提制栲胶；枝、须根可入药。

[附注]

　　本种多用插条繁殖。

杨　梅

拉丁学名	*Myrica rubra*（Lour.）Sieb. et Zucc.
英文名称	Chinese Bayberry, Chinese Waxmyrtle
主要别名	山杨梅
科　　属	杨梅科（Myricaceae）杨梅属（*Myrica*）

[形态特征]

　　常绿灌木或小乔木，高达15 m。树冠圆球形。树皮灰色，小枝近于无毛。叶片革质，倒卵状披针形或倒卵状长椭圆形，长6~11 cm，宽1.5~3 cm，全缘，叶背密生金黄色腺体。花单性，雌雄异株；无花被。雄花花序穗状，单生或数条丛生于叶腋，长1~3 cm；每苞片有1花；每花有小苞片4个，半圆形；雄蕊4~6。雌花花序单生于叶腋，长5~15 mm；雌花每苞片有1花；每花有4枚卵形小苞片，密生覆瓦状排列；子房卵形。核果球状，直径1~1.5 cm，栽培品种可达3 cm，有小疣状突起，成熟时深红、紫红或白色，味酸甜。花期4月，果期6~7月。

[分布]

　　原产于江苏、浙江、台湾、福建、江西、湖南、贵州、四川、云南、广西和广东，日本、朝鲜和菲律宾也有分布。溧阳市戴埠镇、天目湖镇、上兴镇等地有栽培；江苏及长江以南各省区常有栽培。

图210　杨梅的叶与核果

[特性]

　　中性树种，较耐阴；喜温暖湿润气候，耐寒性较强；抗逆性强，能耐干旱、贫瘠，适宜深厚、湿润及富含腐殖质的酸性土、红壤土及黄壤土；深根系树种，根系发达，萌芽力强，耐修剪，寿命长。

[用途]

　　果实为著名的水果，可生食或酿酒；木材质坚，供细木工用；为优良的绿化树种；根和果实可入药。

[附注]

　　本种强健，易栽培，寿命长，生产成本较低。

重阳木

拉丁学名	*Bischofia polycarpa*（Lévl.）Airy Shaw
英文名称	Zhong-Yan Mu
主要别名	秋枫子、乌杨
科　　属	大戟科（Euphorbiaceae）秋枫属（*Bischofia*）

[形态特征]

　　落叶乔木，高达15 m。全体无毛。树皮褐色，纵裂。当年生小枝绿色，皮孔明显，灰白色，老枝变褐色，皮孔变锈褐色。芽小，具有少数芽鳞。3出复叶；

叶柄长9~13.5 cm；顶生小叶通常较两侧的大，叶片纸质，卵形或椭圆状卵形，有时长圆状卵形，长5~14 cm，宽3~9 cm，顶端突尖或短渐尖，基部圆或浅心形，边缘具钝细锯齿，每1 cm内有4~5个；顶生小叶柄长1.5~6 cm，侧生小叶柄长3~14 mm；托叶小，早落。花雌雄异株；总状花序，常着生于新枝的下部，花序轴纤细而下垂；雄花序长8~13 cm；雌花序3~12 cm；雄花萼片膜质，半圆形；花丝短；有明显的退化雌蕊；雌花萼片与雄花的相同，边缘膜质，白色；子房3或4室，每室2胚珠，花柱2或3，顶端不分裂。果实浆果状，圆球形，直径5~7 mm，成熟时褐红色。花期4~5月，果期10~11月。

[分布]

原产于秦岭、淮河流域以南至福建和广东的北部，日本、印度也有分布。溧阳市境内有栽培；江苏及我国多省区有栽培。

[特性]

阳性树种，稍耐阴；适宜深厚、肥沃、湿润的砂质壤土，较耐干旱和贫瘠，耐水湿，但忌低洼积水环境；根系发达，生长较快，适应性强，寿命长。

图 211　重阳木的叶与核果

[用途]

常作行道树、河堤防护或庭院观赏树种；材质坚韧，结构细，适于建筑、造船、车辆、家具等用材；种子可榨油。

[附注]

本种所隶属的秋枫属（*Bischofia*），又名重阳木属（*Bischofia*）。

石　榴

拉丁学名	*Punica granatum* Linn.
英文名称	Pomegranate
主要别名	安石榴、榭石榴
科　　属	石榴科（Punicaceae）石榴属（*Punica*）

[形态特征]

落叶灌木或乔木，高2~7 m。小枝圆形，或略带角状，顶端刺状，光滑，无毛，老枝近圆柱形。叶对生或簇生，纸质，矩圆状披针形，长2~9 cm，宽1~2 cm，顶端短尖、钝尖或微凹，上面光亮，下面中脉凸起；叶柄短。花1至数朵生于枝顶或叶腋，有短柄；花萼钟状，橙红色，质厚，长2~3 cm，顶端5~7裂，裂片外有乳头状突起；花瓣与萼片同数，互生，位于萼筒内，稍高出花萼裂片，倒卵形，皱缩，常为红色、黄色或白色，有时为重瓣。浆果近球形，直径5~12 cm，通常为淡黄褐色或淡黄绿色，有时白色，稀暗紫色。种子多数，钝角形，红色至乳白色，外种皮肉质。花期6~7月，果期9~10月。

[分布]

原产于亚洲中部。溧阳市各地普遍栽培；江苏及我国各省区有栽培，全世界温带和热带地区都有栽培。

[特性]

阳性树种，稍耐阴；喜温暖湿润气候，耐寒、耐旱、耐瘠薄、耐水湿，但不耐涝；对土壤要求不严，以深厚、肥沃及排水良好的土壤为佳，盐碱土及黏重土不宜栽培；生

图212　石榴的叶与浆果

长较快，萌芽力和萌蘖性强，耐修剪，寿命长；对SO_2、Cl_2等有害气体的抗性较强。

[用途]

果皮可入药；肉质的外种皮可供食用；叶色翠绿，花大色艳，常栽培作观赏树种；根、花和果实可入药。

[附注]

本种在溧阳市有果石榴和花石榴两类：前者以食用为主，兼具观赏；后者用于观花和观果，并具有一定的空气净化作用。

无刺枸骨

拉丁学名	*Ilex cornuta* 'Fortunei'
英文名称	Spineless Chinese Holly
主要别名	无刺枸骨
科　　属	冬青科（Aquifoliaceae）冬青属（*Ilex*）

[形态特征]

常绿灌木，高1~3 m。树皮灰白色，光滑。小枝开展而密生。叶片厚革质，互生，椭圆形，长4~9 cm，宽2~4 cm，顶端骤尖呈刺状，全缘，有光泽；中脉在叶上面凹陷或平，在下面隆起，侧脉3~5对，两面不明显；叶柄长2~3 mm。花部4基数，绿白色至黄色，伞形花序簇生于二年生小枝叶腋内；无总花梗；雄花花梗长约5 mm，无毛，花萼裂片宽三角形，被疏毛；花瓣长圆状卵形，基部联合；雄蕊与花瓣近等长；雌花花梗长7~8 mm；子房长圆状卵球形；柱头盘状。果实圆球形，直径8~10 mm，成熟时鲜红色；种子4。花期4~5月，果期9~10月。

[分布]

本种为枸骨冬青的自然变种。溧阳市境内有栽培；江苏及

图213　无刺枸骨

全国多省区有栽培。

[特性]

阳性树种，较耐阴；喜温暖湿润和排水良好的酸性或微碱性土壤；有较强抗性，萌芽发枝力强，耐修剪。

[用途]

树形美丽，四季常青，入秋红果满树，可作秋冬季观果树种或绿化树种，也可作绿篱材料。

[附注]

本种曾作为枸骨冬青的变种（*Ilex cornuta* var. *fortunei*），现作品种处理。

枣

拉丁学名	*Ziziphus jujuba* Mill.
英文名称	Spineless Chinese Holly
主要别名	白蒲枣、枣树
科　　属	鼠李科（Rhamnaceae）枣属（*Ziziphus*）

[形态特征]

落叶乔木，稀灌木，高可达10 m。枝分长枝、短枝和无芽小枝，具2个托叶刺，长刺直伸，长达3 cm，短刺下弯，长4~6 mm。叶基生三出脉，纸质，卵圆形、卵状椭圆形或卵状长圆形，长3~7 cm，宽1~3 cm，先端钝或圆形，边缘具钝齿，两面无毛或叶背沿脉疏被微毛；叶柄长达1 cm。花单生或2至数朵密集成聚伞花序，腋生。萼片三角状卵形；花瓣淡黄绿色，倒卵圆形，基部有爪。核果长圆球状或长卵圆球状，长2~3.5 cm，直径1.5~2 cm，成熟时红色，后变紫红色，中果

图214　枣的叶与核果

皮肉质，味甜，核两端尖；果柄长达0.5 cm。种子扁椭圆球状。花期5~7月，果期8~9月。

[分布]

原产于辽宁、内蒙古、河北、山西、陕西、甘肃、河南、湖北、山东、安徽、江苏、四川。溧阳市各地有栽培；江苏及全国多省区普遍栽培，亚洲、欧洲和美洲也常有栽培。

[特性]

阳性树种；喜温暖湿润气候，耐寒性强；对土壤要求不严，抗逆性强，但以深厚、疏松及排水良好的微酸性或中性砂质壤土为佳；根系发达，萌芽力和萌蘖性强，耐修剪；对SO_2、Cl_2等有害气体的抗性较强。

[用途]

果实可鲜食，也可制成蜜饯、枣泥、枣醋、枣酒等；木材质地坚韧，多用于制家具和雕刻；也可做树桩盆景；为夏季主要蜜源植物。

[附注]

中国特有树种。

香　圆

拉丁学名	*Citrus wilsonii* Tanaka
英文名称	Xiangyuan
主要别名	陈香圆、粗皮香圆
科　　属	芸香科（Rutaceae）柑橘属（*Citrus*）

[形态特征]

常绿乔木，高5~7 m。小枝密生，具棱，枝条细而柔软，无毛而有棘刺。单身复叶，互生；顶生叶片长椭圆形，顶端渐尖，基部宽楔形或钝圆，全缘或有浅波状齿；叶柄长2~3 cm；翼叶倒心形，上部宽1~3 cm。花单生或簇生。花萼浅杯状，5裂；花瓣5，白色，长圆形或倒心形，表面有明显的脉纹；雄蕊24~38，常数枚连结，高出于柱头；子房10~11室。柑果圆球状或卵圆球状，柠檬黄色，味酸，芳香，顶端微具乳头状突起；果皮厚0.8 cm 以上，表面粗糙，与瓤囊不易分离。种子极多，多胚，子叶白色。花期6~7月，果期11~12月。

[分布]

可能原产于中国东南部和日本。溧阳市有栽培；江苏及长江中下游各省区有栽培。

[特性]

阳性树种；喜温暖湿润气候，有一定的耐寒性；对土壤适应性较广，但以深厚、肥沃、疏松、排水良好的红黄壤为佳；对SO_2、Cl_2、HF等有害气体的抗性较强。

[用途]

枝叶繁茂，四季常青，为优良的绿化观赏树种；果实可制饮料；花、叶和果可提取芳香油；种子和果实可入药。

[附注]

《中国植物志》和*Flora of China*未见此种。但2015年出版的《江苏植物志》（Vol. 3，P417~418）已收录此种。

图215 香圆的叶与柑果

香 椿

拉丁学名	*Toona sinensis*（A. Juss.）Roem.
英文名称	Chinese Toona
主要别名	春芽树、椿、红椿、椿树
科　　属	楝科（Meliaceae）香椿属（*Toona*）

[形态特征]

落叶乔木，高达15 m。树皮暗褐色，片状剥落；幼枝有柔毛，后脱落，叶痕和皮孔明显。偶数羽状复叶，长25~50 cm，有特殊香气；小叶10~22，对生；叶片长圆形或长圆状披针形，长8~15 cm，基部不对称，全缘或有疏小齿；幼叶紫红色，成年叶绿色；叶柄红色。圆锥花序顶生；花小，两性，有香味。花萼短

图216　香椿的枝叶（示叶柄红色）

小；花瓣白色，卵状长圆形；退化雄蕊5，与发育雄蕊互生。蒴果狭椭球状，长1.5~2.5 cm，果瓣薄。种子圆锥状，一端有膜质长翅。花期5~6月，果期8月。

[分布]

原产于华北、华东、中部、南部和西南部各省区，朝鲜也有分布。溧阳市各地普遍栽培，常见于村边、路旁及房前屋后；江苏和全国多省区广为栽培。

[特性]

阳性树种，不耐阴；喜温暖湿润气候，耐寒性强；宜深厚、肥沃、湿润的砂质壤土或石灰质壤土，能耐轻度盐碱，较耐水湿；深根系，生长较快，萌芽力和萌蘖性强。

[用途]

嫩芽可作蔬菜食用，称"香椿头"；木材通直，为造船、建筑材料；种子可榨油；根皮及果可入药；为行道树或庭园树种。

[附注]

本种为速生材用树种，木材红褐色，有"中国桃花心木"的美誉。

桂　花

拉丁学名	*Osmanthus fragrans* Lour.
英文名称	Sweet Osmanthus
主要别名	木犀、桂花树
科　　属	木犀科（Oleaceae）木犀属（*Osmanthus*）

[形态特征]

常绿乔木或灌木，高3~5 m，最高可达18 m。树皮灰褐色。小枝黄褐色，无毛。叶片革质，椭圆形、长椭圆形或椭圆状披针形，长6~12 cm，宽2~4.5 cm，先端渐尖，基部渐狭呈楔形或宽楔形，全缘或通常上半部具细锯齿，两面无毛，侧脉6~8对；叶柄长0.8~1.2 cm。聚伞花序簇生于叶腋，或近于帚状，每腋内有花多朵；苞片宽卵形，质厚，长2~4 mm，具小尖头；花极芳香；花柄细弱；花

图217　桂花的枝叶和核果

萼长约1 mm；花冠黄白色、淡黄色、黄色或橘红色，长3~4 mm，花冠管仅长0.5~1 mm；雄蕊着生于花冠管中部，花丝极短，长约0.5 mm，花药先端有小尖头；花柱长约0.5 mm。核果歪斜，椭圆球状，长1~1.5 cm，紫黑色。花期9月至10月上旬，果期翌年3~6月。

[分布]

原产于我国西南部。溧阳市境内普遍栽培；江苏和长江流域各地广泛栽培。

[特性]

阳性树种，稍耐阴；喜温暖湿润气候，耐寒性强；适宜深厚、肥沃、湿润及排水良好的土壤，盐碱土和黏重土壤不宜栽培。

[用途]

为重要的园林观赏树种；花为名贵香料，并作食品香料；花、果和根可入药。

[附注]

中国特有树种。桂花为我国十大名花之一。

夹竹桃

拉丁学名	*Nerium oleander* Linn.
英文名称	Sweet-scented Oleander
主要别名	欧洲夹竹桃
科　　属	夹竹桃科（Apocynaceae）夹竹桃属（*Nerium*）

图 218　夹竹桃的叶与聚伞花序

[形态特征]

常绿直立大灌木，高达 5 m。枝条灰绿色，含水液；嫩枝条具棱，被微毛，老时毛脱落。叶 3 或 4 片轮生，在枝条下部常为对生；叶片线状披针形至长披针形，长 7~15 cm，顶端急尖，基部楔形，侧脉密生而平行，直达叶缘，边缘稍反卷。聚伞花序顶生，具花数朵；苞片披针形；花芳香；花萼 5 深裂，红色，披针形，长 3~4 mm，内面基部具腺体；花冠深红色或粉红色，漏斗状，5 裂，长和直径约 3 cm，花冠筒圆筒形，上部扩大呈钟形，筒内面被长柔毛，喉部具 5 片宽鳞片状副花冠，每片顶端撕裂，并伸出花冠喉部之外，花冠裂片倒卵形，顶端圆形，长 1.5 cm；雄蕊着生在花冠筒中部以上，花丝被长柔毛，花药与柱头连生，基部具耳，顶端渐尖，药隔延长呈丝状，被柔毛；柱头近球状。蓇葖果 2，长 10~20 cm。种子顶端具黄褐色种毛。花、果期 4~12 月。

[分布]

原产于地中海。溧阳市各地有栽培；江苏及全国各省区有栽培，尤以南方为多；欧洲、美洲、亚洲热带和亚热带地区也有栽培。

[特性]

阳性树种；喜温暖湿润气候，不耐严寒；耐干旱、耐水湿，适应性、抗逆性强，对碱性土壤也能适应；树性强健，萌蘖性强，耐修剪；对 SO_2、Cl_2 等有害气体及烟尘的抗性较强。

[用途]

花大、艳丽、花期长，常作为绿化观赏植物；叶和茎皮有剧毒，可入药。

[附注]

叶片常呈线状披针形，似桃又似竹，故名。

栀 子

拉丁学名	*Gardenia jasminoides* J. Ellis
英文名称	Cape Jasmine
主要别名	栀子花、大花栀子花
科　　属	茜草科（Rubiaceae）栀子属（*Gardenia*）

[形态特征]

　　常绿灌木，高1~3 m。幼枝绿色。叶对生，有时3叶轮生。叶片革质，长椭圆形或倒状卵披针形，长3~25 cm，宽1.5~8 cm，顶端渐尖至短尖，无毛；托叶合生成鞘状。花大，白色，芳香，通常单生于枝顶或叶腋；萼筒卵状或倒圆锥状，有纵棱，顶端通常6裂，裂片宿存；花冠白色或乳黄色，裂片5~8，通常6，倒卵形或倒卵状长圆形。浆果卵状至长椭圆状，有5~7翅状纵棱，顶端有宿存萼片，橙黄色至橙红色。种子多数，嵌于肉质胎座上。花期5~8月，果期9月至翌年2月。

[分布]

　　原产于我国东部、中部和南部，越南、日本也有分布。溧阳市各地广泛栽培；江苏和我国黄河以南地区广泛栽培。

[特性]

　　阳性树种，稍耐阴；喜温暖湿润气候，耐寒性较强；适宜疏松、湿润及排水良好的酸性或微酸性土壤；生长较快，萌芽力和萌蘖性强，抗火性强，耐修剪；对SO_2、HF、Cl_2等有害气体的抗性较强。

[用途]

　　花香而美丽，为常见的庭院观赏植物；花可提制芳香浸膏；果可做染料；叶、根、花和果均可入药。

[附注]

　　本种果实成熟时似古时候的一种盛酒器皿"卮"，故名。

图219　栀子的叶与浆果

紫　薇

拉丁学名	*Lagerstroemia indica* Linn.
英文名称	Common Crape Myrtle, Crape Myrtle
主要别名	百日红、痒痒树、无皮树
科　　属	千屈菜科（Lythraceae）紫薇属（*Lagerstroemia*）

[形态特征]

落叶灌木或小乔木，高可达7 m。树皮平滑，灰色或灰褐色。幼枝具4棱，稍成翅状。叶互生或对生，椭圆形、倒卵形或长椭圆形，先端短尖或钝，有时微凹，基部阔楔形或近圆形，光滑，无毛或背面沿中脉上有毛，纸质，长2.5~7 cm，宽1.5~4 cm，侧脉3~7对；无柄或叶柄很短。圆锥花序顶生，长4~20 cm，花柄及花序轴被毛。花萼6裂，裂片卵形，外面平滑，无棱，无毛；花瓣6，花色丰富，有白色、红色、粉红色、紫红色、蓝紫色及复色，边缘皱缩，基部有爪；雄蕊36~42，外侧6枚较长，着生于花萼上。蒴果椭圆状球形或阔椭圆形，长1~1.3 cm。种子有翅，长约8 mm。花期6~10月，果期8~11月。

[分布]

原产于亚洲，现世界热带、亚热带地区广泛栽培。溧阳市各地有栽培；江苏及我国广东、广西、湖南、福建、江西、浙江、湖北、河南、河北、山东、安徽、陕西、四川、云南、贵州及吉林等省区均有栽培。

图 220　紫薇的圆锥花序

[特性]

阳性树种，稍耐阴；对气候适应性强，耐寒、耐旱、耐水湿，但不耐涝；对土壤要求不严，以肥沃、湿润及排水良好的微酸性土壤为佳；生长较快，萌芽力和萌蘖性强，耐修剪，移栽易成活，寿命长；对SO_2等有害气体的抗性较强。

[用途]

花色鲜艳美丽，花期长，为广泛栽培的庭园观赏树或盆景；木材坚硬、耐腐，可作农具、家具、建筑等用材；树皮、叶及花可入药。

[附注]

本种花期长，有"紫薇花开百日红"的美誉。

毛泡桐

拉丁学名	*Paulownia tomentosa*（Thunb.）Steud.
英文名称	Royal Paulownia
主要别名	日本泡桐、桐、紫花桐
科　　属	玄参科（Scrophulariaceae）泡桐属（*Paulownia*）

[形态特征]

落叶乔木。植株高达4~15 m。树冠宽大伞形，树皮褐灰色；小枝有明显皮孔，幼枝、幼果密被黏质短腺毛。叶片宽卵形至卵形，长12~30 cm，顶端渐尖，全缘，有时浅3裂，表面有柔毛及腺毛，背面密被星状茸毛，新发的幼叶有黏性的短腺毛。聚伞圆锥花序，侧枝不发达，长为中央主枝的一半或稍短；小聚伞花序有花3~5朵。花萼钟状，5裂至中部，裂片卵形，有锈色茸毛；花冠紫色或淡紫色，长5~7 cm，筒部扩大，驼曲，内面有黑色斑点及黄色条纹。蒴果卵球状，长3~4 cm，顶端尖如喙，外果皮硬革质，密被浓密黏腺毛。花期4~5月，果期8~9月。

[分布]

原产于我国西部地区。溧阳市各地有栽培；江苏和我国东部、中部及西南部均有栽培，日本、朝鲜、欧洲和北美洲也有栽培。

[特性]

阳性树种，不耐阴；喜温暖湿润气候，耐寒、耐旱、耐盐碱；对土壤要求不严，但以深厚、肥沃、湿润及排水良好的微酸性或中性土壤为佳，忌黏重土

图 221　毛泡桐的蒴果

及积水环境；根系发达，生长迅速，萌芽力强，繁殖容易；对SO₂、Cl₂等有害气体的抗性较强，吸滞粉尘的能力也较强。

[用途]

木材材质良好，可用于制作家具、乐器等；根入药，可祛风、解毒、消肿，果有化痰止咳的功效；种子油可供工业用。

[附注]

本种的被毛疏密、花枝及花冠大小、萼齿尖钝等性状，常因生境不同而有较大变化。

凤尾丝兰

拉丁学名	*Yucca gloriosa* Linn.
英文名称	Spanish Dagger
主要别名	凤尾兰
科　　属	龙舌兰科（Agavaceae）丝兰属（*Yucca*）

图222　凤尾丝兰的植株（示叶近簇生）

[形态特征]

常绿灌木或小乔木。株高0.5~1.5 m，有时分枝。叶密集，螺旋排列于茎顶端，近簇生；叶片浅灰绿色，具白粉，坚硬，近剑形，长40~70 cm，宽2.5~3 cm，长渐尖，中部背侧稍外凸，顶端坚硬成刺状，边缘幼时具少数疏离的齿，老时全缘，无丝状纤维。圆锥花序长1~1.5 m，通常无毛；花下垂，白色至淡黄白色，顶端常带紫红色；花被片6，卵状菱形，长4~5.5 cm，宽1.5~2 cm；花丝肉质，上部约1/3反曲；柱头3裂。蒴果倒卵状矩圆形，下垂，长5~6 cm，不开裂。花期10~11月。

[分布]

原产于北美东部和东南部。溧阳市各地常有栽培；江苏和我国长江以南各省区常有栽培。

[特性]

阳性树种，稍耐阴；耐寒，耐干燥，适应性强；对土壤要求不严，但以排水良好的砂质壤土为佳；生长较快，萌蘖性较强；对SO_2、Cl_2、HF等有害气体具较强的抗性。

[用途]

本种常绿，株形奇特，叶形如剑，花序高大，是优良的园林植物；叶富纤维，可做绳索；花序也是良好的鲜切花材料。

[附注]

本种是塞舌尔的国花。

棕 榈

拉丁学名	*Trachycarpus fortunei*（Hook.f.）H.Wendl.
英文名称	Fortunes Windmill Palm
主要别名	棕树
科 属	棕榈科（Palmae）棕榈属（*Trachycarpus*）

[形态特征]

常绿乔木，高3~8 m。茎干直立，不分枝，其上被有老叶鞘基部的密集网状纤维。叶片圆扇形，有狭长皱折，掌裂至中部，裂片30~50，硬直，宽约2.5~4 cm，长60~70 cm，顶端2浅裂，老叶顶端往往下垂；叶柄长75~80 cm，甚至更长，两侧具细圆齿，顶端有明

图223 棕榈的叶与核果

显的戟突，常宿存。圆锥状花序，粗壮，多次分枝，从叶腋抽出；常雌雄异株；雄花序长约40 cm，具有2或3个分枝花序，常2回分枝，花冠长于花萼约2倍；雌花序长80~90 cm，有3个佛焰苞包着，具4或5个圆锥状的分枝花序，2或3回分枝，花冠长于萼片1/3。花小，无梗，每2或3朵密集生于小穗轴上。萼片及花瓣均为卵形，黄色；雄蕊6，花丝分离，花药短；柱头3，常反曲。核果球状或长椭圆状。种子胚乳均匀，角质，胚侧生。花期5~6月，果期8~9月。

[分布]

原产于长江以南各省区，日本也有分布。溧阳市各地普遍栽培；江苏及全国多省区普遍栽培。

[特性]

阳性树种，较耐阴；耐寒、耐旱，适应性强；喜肥沃、湿润及排水良好的黏壤土，不宜生长于疏松、干燥及低洼过湿之地；根系浅，无主根，移栽易成活；对SO_2等有害气体及烟尘的抗性较强。

[用途]

树形优美，是庭园绿化的优良树种；果实、叶、花、根等可入药；果实可提制油脂；花序经处理可食用。

[附注]

本种为棕榈科中耐寒性最强的树种之一。

孝顺竹

拉丁学名	*Bambusa multiplex*（Lour.）Raeusch. ex Schult.
英文名称	Hedge Bambusa
主要别名	凤凰竹、观音竹、小琴丝竹、孝子竹
科　　属	禾本科（Gramineae）簕竹属（*Bambusa*）

[形态特征]

根状茎合轴丛生。秆高4~7 m，直径1.5~2.5 cm，尾梢近直或略弯，下部挺直，绿色；节间长30~50 cm，幼时薄被白蜡粉，并于上半部被棕色至暗棕色小刺毛，老时则毛脱落，并在秆面上留有细凹痕；节处稍隆起，无毛；分枝自竿基部

第2或第3节即开始，数枝乃至多枝簇生，主枝稍较粗长。竿箨幼时薄被白蜡粉，早落；箨鞘呈梯形，背面无毛，先端稍向外缘一侧倾斜，呈不对称的拱形；箨耳极小，边缘有少许繸毛；箨舌高1~1.5 mm，边缘呈不规则的短齿裂；箨片直立，易脱落，狭三角形，背面散生暗棕色脱落性小刺毛，腹面粗糙，先端渐尖，基部宽度约与箨鞘先端相等。末级小枝具5~12叶；叶鞘无毛，纵肋稍隆起，背部具脊；叶耳肾形，边缘具波曲状细长繸毛；叶舌圆拱形，高0.5 mm，边缘微齿裂；叶片线形，长5~16 cm，宽7~16 mm，上表面无毛，下表面粉绿而密被短柔毛，先端渐尖，具粗糙细尖头，基部近圆形或宽楔形。假小穗单生或数枝簇生于花枝各节，小穗含小花5~13朵。笋期6~8月，花期不固定。

[分布]

原产于亚洲东南部。溧阳市各地有栽培；江苏及我国东南部至西南部各省区普遍栽培。

[特性]

阳性竹种，稍耐阴；喜温暖湿润气候，耐寒性较强；对土壤要求不严，但以疏松、湿润、排水良好及富含腐殖质的酸性或微酸性土壤为佳；浅根系竹种。

图224　孝顺竹

[用途]

秆丛密集、姿态优美、枝叶婆娑，为我国传统的观赏竹种。

[附注]

据《中国植物志》Vol. 91（1）（P108）记载，本种"原产越南"。其实，我国多地也有野生分布。

金镶玉竹

拉丁学名	*Phyllostachys aureosulcata* 'Spectabilis'
英文名称	Greengroove Bamboo
主要别名	金镶碧嵌竹
科　　属	禾本科（Gramineae）刚竹属（*Phyllostachys*）

图 225　金镶玉竹的植株（左图）和竹秆（右图）

[形态特征]

　　根状茎单轴散生。秆高达 9 m，粗 4 cm，在较细的秆之基部有 2 或 3 节，常作"之"字形折曲，幼秆被白粉及柔毛，毛脱落后手触秆表面微觉粗糙；节间长达 39 cm，分枝一侧的沟槽为黄色，其他部分为绿色或黄绿色；竿环中度隆起，高于箨环。箨鞘背部紫绿色，常有淡黄色纵条纹，散生褐色小斑点或无斑点，被薄白粉；箨耳淡黄带紫或紫褐色，系由箨片基部向两侧延伸而成，或与箨鞘顶端明显相连，边缘生繸毛；箨舌宽，拱形或截形，紫色，边缘生细短白色纤毛；箨片三角形至三角状披针形，直立或开展，或在竿下部的箨鞘上外翻，平直或有时呈波状。末级小枝 2 或 3 叶；叶耳微小或无，繸毛短；叶舌伸出；叶片长约 12 cm，宽约 1.4 cm，基部收缩成 3~4 mm 长的细柄。笋期 4 月中旬至 5 月上旬，花期 5~6 月。

[分布]

　　原产于北京和江苏。溧阳市有栽培；江苏及浙江、安徽、北京等省也有栽培。

[特性]

阳性竹种，稍耐阴；喜温暖湿润气候，耐寒性较强；适宜深厚、肥沃、湿润及排水良好的土壤。

[用途]

本种因其竿下部2或3节常折曲而无多大用途，主要供观赏。

[附注]

本种竹竿鲜艳、黄绿相间，故称"金镶玉竹"。

紫 竹

拉丁学名	*Phyllostachys nigra*（Lodd. ex Lindl.）Munro
英文名称	Black Bamboo
主要别名	乌竹
科　　属	禾本科（Gramineae）刚竹属（*Phyllostachys*）

[形态特征]

根状茎单轴散生。秆高4~8 m，稀可高达10 m，直径可达5 cm，幼秆绿色，密被细柔毛及白粉，箨环有毛，一年生以后的秆逐渐先出现紫斑，最后全部变为紫黑色，无毛；箨鞘淡棕色，密被粗毛，无斑点；箨耳长圆形至镰形，紫黑色，边缘生有紫黑色繸毛；箨舌中度发达，弧形，边缘具极短须毛；箨片三角形至长披针形，暗绿色带暗棕色。末级小枝具2或3叶；叶片质薄，长7~10 cm，宽约1.2 cm。花枝呈短穗状，佛焰苞4~6片，除边缘外无毛或被微毛，叶耳不明显，鞘口繸毛少或无。小穗披针形，长1.5~2 cm，具2或3朵小花；花药长约

图226　紫竹的植株（示秆紫色）

8 mm；柱头3，羽毛状。笋期4月下旬。

[分布]

原产于湖南和广西等省区。溧阳市有栽培；江苏及全国各地多有栽培，印度、日本及欧美许多国家均有栽培。

[特性]

阳性竹种，稍耐阴；耐寒性较强，不耐干旱、贫瘠；适宜生于深厚、肥沃的土壤中及地势平坦之地，忌盐碱土及积水地带；浅根系竹种；抗火性较强。

[用途]

秆紫黑色，多栽培供观赏；竹材较坚韧，供制小型家具、手杖、伞柄、乐器及工艺品。

[附注]

中国特有竹种。

鹅毛竹

拉丁学名	*Shibataea chinensis* Nakai
英文名称	Chinese Shibataea
主要别名	华五叶箬、倭竹
科　　属	禾本科（Gramineae）鹅毛竹属（*Shibataea*）

图 227　鹅毛竹的秆与叶（示秆纤细）

[形态特征]

根状茎复轴混生。秆直立，淡绿色或稍带紫色，高60~100 cm，直径2~3 mm，节间长7~15 cm，几实心，无毛，淡绿带紫色；秆环甚隆起，秆每节3~5分枝，淡绿色并略带紫色，顶芽萎缩；各枝与秆之腋间的先出叶膜质，迟落。箨鞘纸质，早落；箨舌发达，高可达4 mm；箨耳及鞘口繸毛均无；箨片小，锥状。每枝仅具1叶，偶有2叶，长6~10 cm，宽1~2.5 cm。叶片厚纸质，卵状披针形，先端常因冬季冻伤呈枯白色，基部圆形，不对称，收缩为长3~5 mm的紫色叶柄，两面均无毛，侧脉5~8对，小横脉清晰，边缘有小锯齿。笋期5月。

[分布]

原产于江苏、安徽、江西和福建等省。溧阳市有栽培；江苏及安徽、上海、浙江等省有栽培。

[特性]

弱阳性竹种；喜温暖湿润气候；对土壤要求不严。

[用途]

适合园林栽培，为优良的地被类观赏竹种。

[附注]

中国特有竹种。

主要参考文献
Main References

［1］Flora of China［M］. 英文版. http: //foc.efloras.cn/.

［2］FRPS. 中国植物志［M］. 全文电子版. http: //frps.eflora.cn/.

［3］Guangfu Zhang, Qian Li, Xueren Hou. Structural diversity of naturally regenerating Chinese yew (*Taxus wallichiana* var. *mairei*) populations in ex-situ conservation. Nordic Journal of Botany, 2018, 36(4): 1–10

［4］Li Wei, Zhang Guangfu. Population structure and spatial pattern of the endemic and endangered subtropical tree *Parrotia subaequalis* (Hamamelidaceae)［J］. Flora, 2015, 212: 10–18.

［5］Wu Z Y, Raven P H. Flora of China(Vol. 1–25)［M］. Beijing: Science Press, 1994–2013.

［6］陈守良，刘守炉. 江苏维管植物检索表［M］. 南京：江苏科学技术出版社，1986.

［7］陈征海，孙孟军. 浙江省常见树种彩色图鉴［M］. 杭州：浙江大学出版社，2014.

［8］傅立国. 中国植物红皮书：稀有濒危植物（第一册）［M］. 北京：科学出版社，1992.

［9］郝日明，黄致远，刘兴剑，等. 中国珍稀濒危保护植物在江苏省的自然分布及其特点［J］. 生物多样性，2000，8（2）：153–162.

［10］江苏省植物研究所. 江苏植物志（上册）［M］. 南京：江苏人民出版社，1977.

［11］江苏省植物研究所. 江苏植物志（下册）［M］. 南京：江苏科学技术出版社，1982.

［12］李玲，张光富，王锐，等.天目山自然保护区银杏天然种群生命表〔J〕.生态学杂志，2011，30（1）：53–58.

［13］李时珍（明）.本草纲目（校点本）（上、下册，第2版）〔M〕.北京：人民卫生出版社，2004.

［14］刘启新.江苏植物志（第1—5卷）〔M〕.南京：江苏科学技术出版社，2013—2015.

［15］盛宁，李百健，熊豫宁，等.华东地区常见观赏树木〔M〕.上海：上海科学技术出版社，2012.

［16］王宗训.新编拉汉英植物名称〔M〕.北京：航空工业出版社，1996.

［17］夏纬瑛.植物名释札记〔M〕.北京：农业出版社，1990.

［18］徐惠强.江苏重点保护野生植物资源〔M〕.南京：南京师范大学出版社，2017.

［19］印红.中国珍稀濒危植物图鉴〔M〕.北京：中国林业出版社，2013.

［20］于永福.国家重点保护野生植物名录（第一批）.植物杂志〔J〕，1999（5）：3–11.

［21］张光富.安徽板桥自然保护区植物多样性〔M〕.南京：南京师范大学出版社，2007.

［22］中国科学院中国植物志编辑委员会.中国植物志（第1—80卷）〔M〕.北京：科学出版社，1959—2004.

［23］中国数字植物标本馆.http://www.cvh.org.cn/.

溧阳市木本植物名录

江苏省溧阳市木本植物名录根据以下系统排列：裸子植物采用郑万钧分类系统（1978年第1版），被子植物采用哈钦松分类系统（1973年第3版）。属、种以及种下等级（含亚种、变种、变型和品种）按拉丁学名的字母顺序排列。调查区域内共有木本植物76科174属271种。其中，裸子植物7科11属14种，被子植物共计69科163属257种（包括双子叶植物64科153属242种和单子叶植物5科10属15种）。加"*"者为栽培植物。此外，种名右边的数字表示本书收录物种出现的页码，数字加粗表示当页为该植物在正文中首次出现。

裸子植物门Gymnospermae

* 银杏科 Ginkgoaceae		
* 银杏	*Ginkgo biloba* Linn.	**1**，2
松科 Pinaceae		
* 雪松	*Cedrus deodara* (Roxb.) G. Don	**200**
* 湿地松	*Pinus elliottii* Engelm.	**201**，202
马尾松	*Pinus massoniana* Lamb.	**16**
* 黑松	*Pinus thunbergii* Parl.	**202**，203
金钱松	*Pseudolarix amabilis* (Nelson) Rehd.	**2**，3
杉科 Taxodiaceae		
杉木	*Cunninghamia lanceolata* (Lamb.) Hook.	**17**
* 水杉	*Metasequoia glyptostroboides* Hu et Cheng	**4**，5
柏科 Cupressaceae		
* 圆柏	*Juniperus chinensis* Linn.	**203**，204
刺柏	*Juniperus formosana* Hayata	**18**，19
* 侧柏	*Platycladus orientalis* (Linn.) Franco	**205**，206
* 罗汉松科 Podocarpaceae		
* 罗汉松	*Podocarpus macrophyllus* D. Don	**206**，207
三尖杉科 Cephalotaxaceae		
粗榧	*Cephalotaxus sinensis* (Rehd. et Wils.) Li.	**20**
* 红豆杉科 Taxaceae		
* 南方红豆杉	*Taxus wallichiana* var. *mairei* (Lemée et H. Lév.) L. K. Fu et Nan Li	**6**

被子植物门 Angiospermae
双子叶植物纲 Dicotyledoneae

* 木兰科 Magnoliaceae		
* 厚朴	*Houpoëa officinalis* (Rehder et E. H. Wilson) N. H. Xia et C. Y. Wu	**207**，208
* 荷花玉兰	*Magnolia grandiflora* Linn.	**208**，209
* 玉兰	*Yulania denudata* (Desr.) D. L. Fu	**210**
* 黄玉兰	*Yulania denudata* 'Fenhang'	**211**
* 二乔玉兰	*Yulania* × *soulangeana* (Soul.-Bod.) D. L. Fu	**212**，213
五味子科 Schisandraceae		
南五味子	*Kadsura longipedunculata* Finet et Gagnep.	**21**
樟科 Lauraceae		
香樟	*Cinnamomum camphora* (Linn.) Presl.	**7**，8
狭叶山胡椒	*Lindera angustifolia* Cheng	**22**
江浙山胡椒	*Lindera chienii* Cheng	**23**
红果山胡椒	*Lindera erythrocarpa* Makino	**24**
山胡椒	*Lindera glauca* (Sieb. et Zucc.) Bl.	**25**
山橿	*Lindera reflexa* Hemsl.	**26**，27
红脉钓樟	*Lindera rubronervia* Gamble	**27**，28
山鸡椒	*Litsea cubeba* (Lour.) Pers.	**28**，29
紫楠	*Phoebe sheareri* (Hemsl.) Gamble	**30**
檫木	*Sassafras tzumu* (Hemsl.) Hemsl.	**31**
蔷薇科 Rosaceae		
* 桃	*Amygdalus persica* Linn.	**214**，215，247
* 梅	*Armeniaca mume* Sieb.	**215**，216
* 杏	*Armeniaca vulgaris* Lam.	**216**，217
尾叶樱	*Cerasus dielsiana* (Schneid.) Yü et Li	**32**
野山楂	*Crataegus cuneata* Sieb. et Zucc.	**33**
白鹃梅	*Exochorda racemosa* (Lindl.) Rehd.	**34**
* 花红	*Malus asiatica* Nakai	**36**，**217**，218
湖北海棠	*Malus hupehensis* (Pamp.) Rehd.	**35**
细齿稠李	*Padus obtusata* (Koehne) Yü et Ku	**36**

续表

小叶石楠	*Photinia parvifolia* (Pritz.) Schneid.	**37**，38
* 石楠	*Photinia serratifolia* (Desf.) Kalkman	**219**，220
* 红叶石楠	*Photinia × fraseri* Dress	219，**220**
* 紫叶李	*Prunus cerasifera* f. *atropurpurea* (Jacq.) Rehd.	**221**
* 李	*Prunus salicina* Lindl.	**222**
杜梨	*Pyrus betulifolia* Bunge.	**38**
* 豆梨	*Pyrus calleryana* Decne.	**223**，224
小果蔷薇	*Rosa cymosa* Tratt.	**39**，40
金樱子	*Rosa laevigata* Michx.	**40**，41
野蔷薇	*Rosa multiflora* Thunb.	**41**，42
掌叶覆盆子	*Rubus chingii* Hu	**42**，43
山莓	*Rubus corchorifolius* Linn. f.	**43**，44
插田泡	*Rubus coreanus* Miq.	**45**，45
蓬蘽	*Rubus hirsutus* Thunb.	**45**，46
高粱泡	*Rubus lambertianus* Ser.	**47**
红腺悬钩子	*Rubus sumatranus* Miq.	**48**
中华绣线菊	*Spiraea chinensis* Maxim.	**49**，50
* 粉花绣线菊	*Spiraea japonica* Linn. f.	**224**，225
苏木科 Caesalpiniaceae		
* 紫荆	*Cercis chinensis* Bunge	**225**，226
皂荚	*Gleditsia sinensis* Lam.	**50**，51
* 槐叶决明	*Senna occidentalis* var. *sophera* (Linn.) X. Y. Zhu	**226**，227
含羞草科 Mimosaceae		
* 合欢	*Albizia julibrissin* Durazz.	52，**227**，228
山合欢	*Albizia kalkora* (Roxb.) Prain.	**52**
蝶形花科 Papilionaceae		
紫穗槐	*Amorpha fruticosa* Linn.	**53**
杭子梢	*Campylotropis macrocarpa* (Bge.) Rehd.	**54**
黄檀	*Dalbergia hupeana* Hance	**55**
小槐花	*Desmodium caudatum* (Thunb.) DC.	
华东木蓝	*Indigofera fortunei* Craib.	**56**

绿叶胡枝子	*Lespedeza buergeri* Miq.	**57**，58
多花胡枝子	*Lespedeza floribunda* Bunge	**58**，59
美丽胡枝子	*Lespedeza thunbergii* subsp. *formosa* (Vogel) H. Ohashi	**59**，60
葛藤	*Pueraria montana* (Lour.) Merr.	**60**，61
刺槐	*Robinia pseudoacacia* Linn.	**61**，62
苦参	*Sophora flavescens* Ait.	**62**，63
紫藤	*Wisteria sinensis* Sweet.	**63**，64
山梅花科 Philadelphaceae		
齿叶溲疏	*Deutzia crenata* Sieb. et Zucc.	**64**，65
绣球科 Hydrangeaceae		
钻地风	*Schizophragma integrifolium* Oliv.	**65**，66
醋栗科 Grossulariaceae		
簇花茶藨子	*Ribes fasciculatum* Sieb. et Zucc.	**66**，67
野茉莉科 Styracaceae		
赛山梅	*Styrax confusus* Hemsl.	**67**，68
垂珠花	*Styrax dasyanthus* Perk.	**68**，69
山矾科 Symplocaceae		
薄叶山矾	*Symplocos anomala* Brand	**70**
光亮山矾	*Symplocos lucida* (Thunb.) Sieb. et Zucc.	**71**
白檀	*Symplocos paniculata* (Thunb.) Miq.	**72**
山矾	*Symplocos sumuntia* Buch.-Ham. ex D. Don	**73**
山茱萸科 Cornaceae		
四照花	*Cornus kousa* F. Buerger ex Hance subsp. *chinensis* (Osborn) Q. Y. Xiang	**74**
八角枫科 Alangiaceae		
八角枫	*Alangium chinense* (Lour.) Harms	**75**，76，77
三裂瓜木	*Alangium platanifolium* var. *trilobum* (Miq.) Ohwi	**76**
五加科 Araliaceae		
棘茎楤木	*Aralia echinocaulis* Hand.-Mazz.	**77**
湖北楤木	*Aralia hupehensis* G. Hoo	**78**
细柱五加	*Eleutherococcus nodiflorus* (Dunn) S. Y. Hu	**79**
*八角金盘	*Fatsia japonica* (Thunb.) Decne. et Planch.	**228**，229

续表

常春藤	*Hedera nepalensis* var. *sinensis* (Tobl.) Rehd.	**80**，81
刺楸	*Kalopanax septemlobus* (Thunb.) Koidz.	**81**，82
忍冬科 Caprifoliaceae		
忍冬	*Lonicera japonica* Thunb.	**82**，83，84
金银木	*Lonicera maackii* (Rupr.) Maxim.	**83**，84
荚蒾	*Viburnum dilatatum* Thunb.	**85**，86
宜昌荚蒾	*Viburnum erosum* Thunb.	**86**
* 日本珊瑚树	*Viburnum odoratissimum* var. *awabuki* (K. Koch) Zabel ex Rumpl.	**229**，230
饭汤子	*Viburnum setigerum* Hance	**87**
金缕梅科 Hamamelidaceae		
* 蚊母树	*Distylium racemosum* Sieb. et Zucc.	**231**
牛鼻栓	*Foutunearia sinensis* Rehd. et Wils.	**88**
枫香	*Liquidambar formosana* Hance	**89**
* 红花檵木	*Loropetalum chinense* var. *rubrum* Yieh	91，**232**
檵木	*Loropetalum chinense* (R. Br.) Oliv.	**90**
银缕梅	*Parrotia subaequalis* (H. T. Chang) R. M. Hao et H. T. Wei	**8**，9
* 黄杨科 Buxaceae		
* 匙叶黄杨	*Buxus harlandii* Hance	**233**
* 黄杨	*Buxus sinica* (Rehd. et Wils.) M. Cheng	**234**
杨柳科 Salicaceae		
响叶杨	*Populus adenopoda* Maxim.	**91**
* 加杨	*Populus* × *canadensis* Moench	**235**
* 垂柳	*Salix babylonica* Linn.	**236**
* 杨梅科 Myricaceae		
* 杨梅	*Myrica rubra* (Lour.) Sieb. et Zucc.	**237**，238
壳斗科 Fagaceae		
锥栗	*Castanea henryi* (Skan) Rehd. et Wils.	**92**
板栗	*Castanea mollissima* Bl.	**93**，94，95
茅栗	*Castanea seguinii* Dode	**94**，95
苦槠	*Castanopsis sclerophylla* (Lindl.) Schott.	**95**，96
青冈	*Cyclobalanopsis glauca* (Thunb.) Oerst.	**96**，97

小叶青冈	*Cyclobalanopsis myrsinifolia* (Bl.) Oerst.	**97**，98
石栎	*Lithocarpus glaber* (Thunb.) Nakai	**99**
麻栎	*Quercus acutissima* Carr.	**100**
槲栎	*Quercus aliena* Blume	**101**
白栎	*Quercus fabri* Hance	**102**
短柄枹树	*Quercus serrata* var. *brevipetiolata* (DC.) Nakai	**103**，104
栓皮栎	*Quercus variabilis* Bl.	**104**，105
胡桃科 Juglandaaceae		
化香树	*Platycarya strobilacea* Sieb. et Zucc.	**105**，106
枫杨	*Pterocarya stenoptera* C. DC.	**106**，107
榆科 Ulmaceae		
糙叶树	*Aphananthe aspera* (Thunb.) Planch.	**108**
紫弹树	*Celtis biondii* Pamp.	**109**，110
朴树	*Celtis sinensis* Pers.	**110**
刺榆	*Hemiptelea davidii* (Hance) Planch.	**111**
青檀	*Pteroceltis tatarinowii* Maxim.	**10**，11
榔榆	*Ulmus parvifolia* Jacq.	**112**
榆树	*Ulmus pumila* Linn.	**113**
榉树	*Zelkova schneideriana* Hand.-Mazz.	**11**，12
桑科 Moraceae		
构树	*Broussonetia papyrifera* (Linn.) L'Her. ex Vent.	**114**
柘树	*Maclura tricuspidata* Carrière	**115**
薜荔	*Ficus pumila* Linn.	**116**
桑	*Morus alba* Linn.	**117**，118
荨麻科 Urticaceae		
苎麻	*Boehmeria nivea* (Linn.) Gaud.	**118**，119
悬铃叶苎麻	*Boehmeria tricuspis* (Hance) Makino	**119**，120
瑞香科 Thymelaeaceae		
芫花	*Daphne genkwa* Sieb. et Zucc.	**120**，212
毛瑞香	*Daphne kiusiana* var. *atrocaulis* (Rehder) Maek.	**122**

续表

海桐科 Pittosporaceae		
海金子	*Pittosporum illicioides* Mak.	**123**
海桐	*Pittosporum tobira* (Thunb.) Ait.	**124**
椴树科 Tiliaceae		
扁担杆	*Grewia biloba* G. Don	**125**
南京椴	*Tilia miqueliana* Maxim.	**126**，127
梧桐科 Sterculiaceae		
梧桐	*Firmiana simplex* (Linn.) W. Wight	**127**，128，187
大戟科 Euphorbiaceae		
*重阳木	*Bischofia polycarpa* (Lévl.) Airy Shaw	**238**，239
一叶荻	*Flueggea suffruticosa* (Pall.) Baill.	**128**，129
算盘子	*Glochidion puberum* (Linn.) Hutch.	**129**，130
白背叶	*Mallotus apelta* (Lour.) Müll. Arg.	**130**，131，132
野梧桐	*Mallotus japonicus* (Linn. f.) Müll. Arg.	**132**
石岩枫	*Mallotus repandus* (Willd.) Müll. Arg.	**133**
青灰叶下珠	*Phyllanthus glaucus* Wall. ex Muell. Arg.	**134**
乌桕	*Triadica sebifera* (Linn.) Small	**135**，137
油桐	*Vernicia fordii* (Hemsl.) Airy Shaw	**136**
山茶科 Theaceae		
连蕊茶	*Camellia fraterna* Hance	**137**
油茶	*Camellia oleifera* C. Abel	137，**138**
茶	*Camellia sinensis* (Linn.) O. Ktze.	
红淡比	*Cleyera japonica* Thunb.	
微毛柃	*Eurya hebeclados* Ling	
格药柃	*Eurya muricata* Dunn	
木荷	*Schima superba* Gardn. et Champ.	**139**
杜鹃花科 Ericaceae		
满山红	*Rhododendron mariesii* Hemsl. et Wils.	**140**，141
马银花	*Rhododendron ovatum* (Lindl.) Planch. ex Maxim.	
杜鹃	*Rhododendron simsii* Planch.	141，**142**

	越橘科 Vacciniaceae	
乌饭树	*Vaccinium bracteatum* Thunb.	**143**
米饭花	*Vaccinium sprengelii* (G. Don) Sleum.	
	* 石榴科 Punicaceae	
* 石榴	*Punica granatum* Linn.	**239**，**240**，**241**
	冬青科 Aquifoliaceae	
冬青	*Ilex chinensis* Sims	**144**
* 无刺枸骨	*Ilex cornuta* 'Fortunei'	**241**
枸骨冬青	*Ilex cornuta* Lindl. et Paxt.	**145**，**241**，**242**
	卫矛科 Celastraceae	
苦皮藤	*Celastrus angulatus* Maxim.	**146**
南蛇藤	*Celastrus orbiculatus* Thunb.	**147**
卫矛	*Euonymus alatus* (Thunb.) Sieb.	**148**，149
肉花卫矛	*Euonymus carnosus* Hemsl.	
扶芳藤	*Euonymus fortunei* (Turcz.) Hand.-Mazz.	**149**，150
	铁青树科 Olacaceae	
青皮木	*Schoepfia jasminodora* Sieb. et Zucc.	**150**，151
	胡颓子科 Elaeagnaceae	
胡颓子	*Elaeagnus pungens* Thunb.	**152**
牛奶子	*Elaeagnus umbellata* Thunb.	**153**
	鼠李科 Rhamnaceae	
猫乳	*Rhamnella franguloides* (Maxim.) Weberb.	**154**，155
圆叶鼠李	*Rhamnus globosa* Bunge	**155**
雀梅藤	*Sageretia thea* (Osbeck) Johnst.	**156**，157
* 枣	*Ziziphus jujuba* Mill.	**242**，243
酸枣	*Ziziphus jujuba* Miu. var. *spinosa* (Bunge) Hu ex H. F. Chow	**157**，158
	葡萄科 Vitaceae	
蛇葡萄	*Ampelopsis glandulosa* (Wall.) Momiy.	
爬山虎	*Parthenocissus tricuspidata* (Sieb. et Zucc.) Planch.	**158**，159
山葡萄	*Vitis amurensis* Rupr.	
刺葡萄	*Vitis davidii* (Roman. du Caill.) Foex.	

续表

葛藟葡萄	*Vitis flexuosa* Thunb.	
毛葡萄	*Vitis heyneana* Roem. et Schult.	**159**，160
紫金牛科 Myrsinaceae		
紫金牛	*Ardisia japonica* (Thunb.) Bl.	**160**，161
柿树科 Ebenaceae		
野柿	*Diospyros kaki* var. *silvestris* Makino.	
君迁子	*Diospyros lotus* Linn.	**162**
老鸦柿	*Diospyros rhombifolia* Hemsl.	**163**
*芸香科 Rutaceae		
*香圆	*Citrus wilsonii* Tanaka	**243**，244
楝叶吴萸（臭辣树）	*Tetradium glabrifolium* (Champ. ex Benth.) Hartley	
竹叶花椒	*Zanthoxylum armatum* DC.	**164**，165
崖椒	*Zanthoxylum schinifolium* Sieb. et Zucc.	
苦木科 Simaroubaceae		
臭椿	*Ailanthus altissima* (Mill.) Swingle	**165**
苦树	*Picrasma quassioides* (D. Don.) Benn.	
楝科 Meliaceae		
楝树	*Melia azedarach* Linn.	**166**，167
*香椿	*Toona sinensis* (A. Juss.) Roem.	**244**，245
无患子科 Sapindaceae		
栾树	*Koelreuteria paniculata* Laxm.	**167**，168
清风藤科 Sabiaceae		
红枝柴	*Meliosma oldhamii* Maxim.	**169**
清风藤	*Sabia japonica* Maxim.	
漆树科 Anacardiaceae		
黄连木	*Pistacia chinensis* Bunge	**170**
盐肤木	*Rhus chinensis* Mill.	**171**
野漆	*Toxicodendron succedaneum* (Linn.) O. Kuntze	
木蜡树	*Toxicodendron sylvestre* (Sieb. et Zucc.) O. Kuntze	**172**
槭树科 Aceraceae		
三角枫	*Acer buergerianum* Miq.	**173**，174

青榨槭	*Acer davidii* Franch.	
建始槭	*Acer henryi* Pax	**174**
茶条槭	*Acer tataricum* subsp. *ginnala* (Maxim.) Wesm.	**175**
元宝槭	*Acer truncatum* Bunge	
省沽油科 Staphyleaceae		
野鸦椿	*Euscaphis japonica* (Thunb.) Kanitz	**176**
醉鱼草科 Buddlejaceae		
醉鱼草	*Buddleja lindleyana* Fortune	**177**，178
马钱科 Loganiaceae		
蓬莱葛	*Gardneria multiflora* Makino	**178**
木樨科 Oleaceae		
流苏	*Chionanthus retusus* Lindl. et Paxt.	**179**
白蜡树	*Fraxinus chinensis* Roxb.	**180**，181
苦枥木	*Fraxinus insularis* Hemsl.	
女贞	*Ligustrum lucidum* Ait.	**181**，182
小叶女贞	*Ligustrum quihoui* Carr.	
小蜡	*Ligustrum sinense* Lour.	
*桂花	*Osmanthus fragrans* Lour.	**245**，246
夹竹桃科 Apocynaceae		
*夹竹桃	*Nerium oleander* Linn.	**246**，247
络石	*Trachelospermum jasminoides* (Lindl.) Lem.	**183**，184
茜草科 Rubiaceae		
细叶水团花	*Adina rubella* Hance	
香果树	*Emmenopterys henryi* Oliv.	**13**
*栀子	*Gardenia jasminoides* J. Ellis	**248**
六月雪	*Serissa japonica* (Thunb.) Thunb.	**184**，185
白马骨	*Serissa serissoides* (DC.) Druce	
紫葳科 Bignoniaceae		
梓树	*Catalpa ovata* G. Don	**185**
马鞭草科 Verbenaceae		
华紫珠	*Callicarpa cathayana* H. T. Chang	

续表

老鸦糊	*Callicarpa giraldii* Hesse ex Rehd.	
臭牡丹	*Clerodendrum bungei* Steud.	
大青	*Clerodendrum cyrtophyllum* Turcz.	
海州常山	*Clerodendrum trichotomum* Thunb.	**186**
豆腐柴	*Premna microphylla* Turcz.	
牡荆	*Vitex negundo* var. *cannabifolia* (Sieb. et Zucc.) Hand.-Mazz.	**187**，188
毛茛科 Ranunculaceae		
毛萼铁线莲	*Clematis hancockiana* Maxim.	**188**，189
柱果铁线莲	*Clematis uncinata* Champ.	
大血藤科 Sargentodoxaceae		
大血藤	*Sargentodoxa cuneata* (Oliv.) Rehd. et Wils.	**189**，190
木通科 Lardizabalaceae		
木通	*Akebia quinata* (Thunb.) Decne.	**190**
三叶木通	*Akebia trifoliata* (Thunb.) Koidz.	
鹰爪枫	*Holboellia coriacea* Deils	**191**，192
防己科 Menispermaceae		
蝙蝠葛	*Menispermum dauricum* DC.	**192**，193
千金藤	*Stephania japonica* (Thunb.) Miers	
* 千屈菜科 Lythraceae		
* 紫薇	*Lagerstroemia indica* Linn.	**249**，250
茄科 Solanaceae		
枸杞	*Lycium chinense* Mill.	**193**，194
* 玄参科 Scrophulariaceae		
* 白花泡桐	*Paulownia fortunei* (Seem.) Hemsl.	
* 毛泡桐	*Paulownia tomentosa* (Thunb.) Steud.	**250**

单子叶植物纲Monocotyledoneae

百合科 Liliaceae		
天门冬	*Asparagus cochinchinensis* (Lour.) Merr.	**195**
菝葜科 Smilacaceae		
菝葜	*Smilax china* Linn.	**196**

小果菝葜	*Smilax davidiana* A. DC.	
土茯苓	*Smilax glabra* Roxb.	
*龙舌兰科 Agavaceae		
*凤尾丝兰	*Yucca gloriosa* Linn.	**251**
*棕榈科 Palmae		
*棕榈	*Trachycarpus fortunei* (Hook.f.) H.Wendl.	**252**
禾本科 Gramineae		
*孝顺竹	*Bambusa multiplex* (Lour.) Raeusch. ex Schult.	**253**，254
阔叶箬竹	*Indocalamus latifolius* (Keng) McClure	
*金镶玉竹	*Phyllostachys aureosulcata* 'Spectabilis'	**254**，255，256
毛竹	*Phyllostachys edulis* (Carrière) J. Houz.	**197**，198
*紫竹	*Phyllostachys nigra* (Lodd. ex Lindl.) Munro	**256**
刚竹	*Phyllostachys sulphurea* var. *viridis* R. A. Young	**198**，199
苦竹	*Pleioblastus amarus* (Keng) Keng f.	
短穗竹	*Semiarundinaria densiflora* (Rendle) T. H. Wen	**14**，15
*鹅毛竹	*Shibataea chinensis* Nakai	**257**